COMPLIANCE NO EXÉRCITO BRASILEIRO

OPERANDO CORAÇÕES E MENTES

Editora Appris Ltda.
1.ª Edição - Copyright© 2024 do autor

Catalogação na Fonte
Elaborado por: Josefina A. S. Guedes
Bibliotecária CRB 9/870

A474c
2024

Alves, Rodrigo Eduardo de Souza
Compliance no Exército Brasileiro: operando corações e mentes / Rodrigo Eduardo de Souza Alves. - 1. ed. - Curitiba: Appris, 2024.
164 p. ; 23 cm. - (Direito e Constituição).

Inclui referências.
ISBN 978-65-250-5862-7

1. Brasil. Exército - Integridade. 2. Ética militar. 3. Denúncia. 4. Etnologia - Exércitos. I. Título. II. Série.

CDD - 355

Livro de acordo com a normalização técnica da ABNT

Appris editora

Editora e Livraria Appris Ltda.
Av. Manoel Ribas, 2265 - Mercês
Curitiba/PR - CEP: 80810-002
Tel. (41) 3156 - 4731
www.editoraappris.com.br

Printed in Brazil
Impresso no Brasil

Rodrigo Eduardo de Souza Alves

COMPLIANCE NO EXÉRCITO BRASILEIRO

OPERANDO CORAÇÕES E MENTES

FICHA TÉCNICA

A Deus, acima de tudo! Aos meus pais, fonte de inspiração.
À minha esposa, Fernanda, pela compreensão e amor que dedica
ao nosso filho, Eduardo, e a mim. Ao Eduardo, meu presente de Deus!
Aos meus professores, pela orientação e apoio na construção do conhecimento.

Compliance é acima de tudo mentalidade! Somente entendendo a consciência presente no "agir militar", compreenderemos o Programa de Integridade Castrense.

(Rodrigo Eduardo de Souza Alves)

APRESENTAÇÃO

Este trabalho tem natureza jurídica-hermenêutica-antropológica. A partir de uma revisão bibliográfica, busca documental e observação participante, analisei a (in)efetividade da Linha Ética do Programa de Integridade do Exército Brasileiro sob a perspectiva sociológica da Teoria dos Sistemas elaborada pelo alemão Niklas Luhmann e sob a perspectiva antropológica no ambiente militar. Procurei teorizar nas funcionalidades dos sistemas, na operação fechada, na cognição aberta e na elevada complexidade social da relação entre civis e militares, captada por estudos etnográficos realizados por cientistas sociais civis, com a finalidade de buscar o âmago do "agir militar" e sua interação com a realidade social, normativa e fática. Trago uma visão inovadora para o meio acadêmico, civil e militar, pois, como pesquisador-nativo do Sistema Militar, transportei-me para o Sistema Jurídico e observei meu Sistema-Nativo, por onde ele, por si só, não tem capacidade de auto-observação. Iniciei os estudos sobre o Sistema Militar sob a ótica luhmanniana e, com uma leitura atenta e criativa, o leitor projetará novos horizontes de pesquisa desse universo castrense complexo e fascinante. Produzi um caminho mental que pode ser empregado por diversas instituições de Estado podendo ser replicado para os diversos sistemas sociais e para as diversas realidades que se pretendam investigar sua efetividade.

PREFÁCIO

Constitui para mim motivo de enorme satisfação prefaciar a presente obra, fruto de um acurado trabalho de pesquisa do autor, Rodrigo Eduardo de Souza Alves. Isso por dois motivos: primeiro, pela alta qualidade do estudo empreendido e, segundo, por ter tido o prazer de ter acompanhado a sua elaboração na qualidade de professor orientador no mestrado, realizado no Instituto Brasileiro de Ensino, Pesquisa e Desenvolvimento (IDP, Brasília). Pude, assim, testemunhar a excelência e o rigor de sua pesquisa, refletidos na alta qualidade do trabalho defendido.

Sendo o autor nativo do sistema militar, o trabalho tem o enorme mérito de realizar a "ponte" entre esse sistema, por vezes, fechado e incompreensível para os civis; a academia, por vezes, igualmente fechada e incompreensível para os militares e não acadêmicos; e a sociedade brasileira como um todo, que poderá, assim, compreender um pouco mais a própria vida política e social do nosso país na atualidade.

Realiza o autor uma análise da (in)efetividade da linha ética do Programa de Integridade do Exército Brasileiro, sob duas perspectivas: a sociológica da teoria dos sistemas, elaborada pelo alemão Niklas Luhmann, e a antropológica no ambiente militar.

Nesse sentido, inicialmente afirma que nos contextos normativo e social que regem os integrantes do Exército Brasileiro, observa-se um dever legal de lealdade para informar ao superior hierárquico ou chefe imediato eventual irregularidade que venha a tomar conhecimento, constituindo um canal de reporte próprio e obedecendo formalidades próprias, o que pode conflitar com os normativos de combate à corrupção adotados pelo ordenamento jurídico nacional. Em uma análise estritamente jurídica, aduz o autor que a proteção do denunciante, ponto fundamental para a efetividade de qualquer programa de *compliance*, não existe no regime castrense pela simples possibilidade de o ato de denunciar em canal externo aos meios militares ser passível de punição disciplinar.

Em seguida, e aqui grande parte da relevância de seu trabalho, evidencia que a denúncia de irregularidades realizada por integrantes do sistema militar a um órgão externo ao próprio Exército não fere a lealdade ou a ética militar, uma vez que tais institutos devem se fundamentar no estrito respeito à legalidade e ao texto constitucional. O tabu da denúncia entre os militares, portanto, existe apenas em sua consciência coletiva e em seu inconsciente cultural. Para que se construa um programa de integridade realmente efetivo, é absolutamente necessário que a própria administração castrense consolide todos os normativos concernentes à integridade militar e os divulgue amplamente, realizando treinamentos periódicos relacionados ao tema. Formar-se-á, assim, verdadeira mentalidade de *compliance* dentro do próprio sistema militar.

Além das importantes considerações e análises de cunho jurídico, o presente livro merece igualmente ser lido por sua visão contributiva e esclarecedora ao país.

Contributiva no sentido de propiciar uma oportunidade de abertura cognitiva para que o Exército Brasileiro, sobretudo o Alto Comando, reavalie seu programa de integridade e procure aperfeiçoá-lo, visando a atender, da melhor maneira possível, os anseios sociais de boa governança e os próprios mandamentos constitucionais por maior transparência e controle.

Esclarecedora pelo fato de nos brindar com um estudo etnográfico de fundamental importância para compreender o "agir militar" e os inúmeros códigos que guiam a consciência e o comportamento dos militares em seu próprio sistema social, lançando um pouco de luz na sua complexa relação com os civis. Ao analisar o sistema militar, com suas programações e códigos binários, sua relação com o sistema político e sua função sistêmica constitucional, o livro é de uma atualidade impressionante, uma vez que as condutas tomadas pelo Exército Brasileiro no contexto político nacional são, cada vez mais, objeto de profunda análise cultural, política e social.

O livro, além de comprovar a importância e a real possibilidade de interação entre o meio militar e a comunidade científica, demonstra que há amplo espaço para novas pesquisas e interações entre a academia e o sistema militar.

Por fim, não tenho dúvidas de que ao investigar a efetividade ou a inefetividade do programa de integridade castrense, o autor aponta caminhos para uma mudança de mentalidade institucional, com a imprescindível sujeição ao texto constitucional e respeito aos seus princípios, que constituem os alicerces da sociedade brasileira e, portanto, efetivam os ideais de transparência, de democracia, de república e de estado de direito.

Uma boa leitura!

Leonardo Estrela Borges
Doutor em Direito pela Universidade Paris 1 – Panthéon-Sorbonne
Professor do Instituto Brasileiro de Ensino, Desenvolvimento e Pesquisa (IDP)

LISTA DE ABREVIATURAS E SIGLAS

AGRiC	Assessorias de Gestão de Riscos e Controles
AMAN	Academia Militar das Agulhas Negras
BE	Boletim do Exército
BI	Boletim Interno
CFS/CIAvEx	Curso de Formação de Sargentos no Centro de Instrução de Aviação do Exército
CAPES	Coordenação de Aperfeiçoamento de Pessoal de Nível Superior
C Ex/Cmt EB	Comandante do Exército
CCOMSEx	Centro de Comunicação Social do Exército
CGCFEx	Centro de Gestão Contabilidade e Finanças do Exército
CM	Colégio Militar
CONF REG	Conformidade dos Registros de Gestão
CGOUV	Coordenação-Geral de Orientação e Acompanhamento de Ouvidorias
DCEM	Diretoria de Controle de Efetivos e Movimentações
DEC	Departamento de Engenharia e Construção
DGP	Departamento Geral do Pessoal
DECEx	Departamento de Educação e Cultura do Exército
EB	Exército Brasileiro
ECEME	Escola de Comando e Estado-Maior do Exército
EME	Estado-Maior do Exército
EGRiC	Equipes de Gestão de Riscos e Controles
EPV	Edifício da Praia Vermelha
ESA	Escola de Sargentos das Armas
EsSLog	Escola de Sargentos de Logística

ESG	Escola Superior de Guerra
EsPCEx	Escola Preparatória de Cadetes do Exército
Fala.BR (e-Ouv)	Plataforma Integrada de Ouvidoria e Acesso à Informação
FATD	Formulário de Apuração de Transgressão Disciplinar
FNCE	Formulários de Necessidades de Conhecimentos Específicos
ICC Brasil	*International Chamber of Comerce* — Brasil
IDP	Instituto Brasileiro de Ensino, Desenvolvimento e Pesquisa
INFORMEx	A palavra oficial do Exército
IVO	Inimigo Verde Oliva
NASE	Normas de Aplicação de Sanções Escolares
OAB	Ordem dos Advogados do Brasil
OCDE	Organização para Cooperação e Desenvolvimento Econômico
ODS	Objetivo de Desenvolvimento Sustentável
ODM	Objetivo de Desenvolvimento do Milênio
OEE	Objetivo Estratégico do Exército
OM	Organização Militar
OTAN	Organização do Tratado Atlântico Norte
PNCP	Portal Nacional de Contratações Públicas
PNR	Próprio Nacional Residencial
Prg I-EB	Programa de Integridade do Exército Brasileiro
PRisC	Proprietários de Riscos e Controles
RDE	Regulamento Disciplinar do Exército
SCRG	Seção de Conformidade de Registro de Gestão
SEEx	Sistema de Engenharia do Exército
SisOuv	Sistema de Ouvidoria do Poder Executivo Federal
SCMB	Sistema Colégio Militar do Brasil

SIAFI	Sistema Integrado de Administração Financeira do Governo Federal
SIPLEx	Sistema de Planejamento Estratégico do Exército
SPED	Sistema de Protocolo Eletrônico de Documentos do Exército
TCU	Tribunal de Contas da União
VUCA	Volatility (volatilidade), Uncertainty (incerteza), Complexity (complexidade) e Ambiguity (ambiguidade)

POSTOS E GRADUAÇÕES NO EXÉRCITO BRASILEIRO

CÍRCULO	INSÍGNIA
Oficiais Generais	Marechal (1) General-de-Exército General-de-Divisão General-de-Brigada (1) Somente é criado o posto de Marechal em "tempo de guerra". Como a legislação penal militar prevê para os crimes praticados em "tempo de guerra" um tratamento muito mais severo que os crimes praticados em tempo de paz, a expressão "tempo de guerra" deve ser interpretada restritivamente. O "tempo de guerra" que rege o Livro II do Código Penal Militar somente será aplicado em caso de guerra formalmente declarada pelo Presidente da República (inciso XIX do art. 84 da Constituição Federal de 1988), com autorização do Congresso Nacional (inciso II do art. 49 da Constituição Federal de 1988) e opinião do Conselho de Defesa Nacional (inciso I do §1º do art. 91 da Constituição Federal de 1988). Por isso, o posto de Marechal não poderá ser criado apenas com possibilidade de se ter um conflito armado, deverá ter declaração de guerra formal para que se crie o último posto da hierarquia militar.
Oficiais Superiores	Coronel Tenente-Coronel Major

Oficial Intermediário	Capitão
Oficiais Subalternos	1º Tenente 2º Tenente
Praças Especiais	Aspirante (2) Cadete 4º ano Cadete 3º ano Cadete 2º ano Cadete 1º ano Aluno EsPCEx (2) Em pesquisas na internet é comum encontrarmos o aspirante-a-oficial incluído no círculo dos oficiais subalternos, entretanto, é um erro. Trata-se de praça especial e é submetida ao Conselho de Disciplina em caso de ter sido acusada oficialmente ou por qualquer meio lícito de comunicação social de ter procedido incorretamente no desempenho do cargo; ou tido conduta irregular; ou praticado ato que afete a honra pessoal, o pundonor militar ou decoro da classe. Os oficias são submetidos ao Conselho de Justificação.
Praças	TAIFEIRO 2ª CLASSE (3), SOLDADO, TAIFEIRO 1ª CLASSE (3), CABO, TAIFEIRO MOR (3), TERCEIRO SARGENTO, SEGUNDO SARGENTO, PRIMEIRO SARGENTO, SUBTENENTE (3) Graduações em extinção no Exército Brasileiro

Fonte: arquivo pessoal e informações prestadas pelo autor

SUMÁRIO

INTRODUÇÃO

A corrupção é um fenômeno complexo[1] que em uma de suas variantes pode corroer recursos públicos e constituir um dos principais entraves[2] para a busca de um mundo melhor. O controle social sob todas as atividades administrativas é um fator de engajamento e amadurecimento da sociedade. Uma importante ferramenta para que ele se torne efetivo são os canais de denúncia e a proteção dos denunciantes.

O Brasil assumiu diversos compromissos internacionais com o intento de combater a corrupção[3] e vem procurando adequar suas normas para um efetivo *compliance* público[4]. Por vezes, o choque de normativos que buscam tutelar bens jurídicos diversos podem impedir ou mitigar a busca pela paz, pela justiça e instituições eficazes, constante do Objetivo de Desenvolvimento Sustentável 16 (ODS 16). A "*Meta 16.5 — Reduzir substancialmente a corrupção*

---

[1] Para a contextualização deste trabalho, a abordagem sobre a corrupção se dará na sua manifestação administrativa, por meio do exercício ilícito do poder público em prejuízo dos administrados por razões espúrias. A corrupção não é um fenômeno exclusivo da política. *In*: VALDÉS, Ernesto Garzón. Acerca del concepto de corrupción. *In*: MIGUEL, Francisco Javier Laporta San; MEDINA, Silvina Álvarez (coord.). **La corrupción política**. Madrid: Alianza Editorial, 1997. p. 42.

[2] Para Malen Seña, a corrupção ocorre caso encontrem-se presentes cinco condicionantes: se a intenção dos corruptos é obter um benefício irregular, não permitido pelas regras do Sistema; se a pretensão de conseguir alguma vantagem na corrupção se manifesta pela violação de um dever institucional por parte dos corruptos; se a corrupção se mostra como uma deslealdade à instituição a qual se pertence ou na qual se presta serviços; e se a consciência dessa deslealdade faz com que os atos de corrupção tendam a ocultar-se, isto é, sejam cometidos em segredo ou num contexto de discrição. *In*: MALEM SEÑA, Jorge Francisco. **Pobreza, corrupción, (in) seguridad jurídica**. Madrid: Marcial Pons, 2017. p. 43. Traz uma abordagem da corrupção que, dependendo de uma análise mais profunda, podem-se extrair benefícios do ato corrupto. Dentro da limitação de abordagem do presente trabalho, essa possiblidade não será abordada.

[3] Como podemos observar na adesão do Brasil aos tratados da Organização das Nações Unidas (ONU), da Organização para a Cooperação Econômica e Desenvolvimento (OCDE) e da Organização dos Estados Americanos (OEA). *In*: BRASIL. Decreto n. 5.687, de 31 de janeiro de 2006. Promulga a Convenção das Nações Unidas contra a Corrupção, adotada pela Assembléia-Geral das Nações Unidas em 31 de outubro de 2003 e assinada pelo Brasil em 9 de dezembro de 2003. Disponível em: https://www.planalto.gov.br/ccivil_03/_ato2004-2006/2006/decreto/d5687.htm. Acesso em: 15 jun. 2022; BRASIL. Decreto n. 3.678, de 30 de novembro de 2000. Promulga a Convenção sobre o Combate da Corrupção de Funcionários Públicos Estrangeiros em Transações Comerciais Internacionais, concluída em Paris, em 17 de dezembro de 1997. Disponível em: http://www.planalto.gov.br/ccivil_03/decreto/d3678.htm. Acesso em: 15 junho 2022; e BRASIL. Decreto n. 4.410, de 7 de outubro de 2002. Promulga a Convenção Interamericana contra a Corrupção, de 29 de março de 1996, com reserva para o art. XI, parágrafo 1º, inciso "c". Disponível em: http://www.planalto.gov.br/ccivil_03/decreto/2002/d4410.htm. Acesso em: 15 jun. 2022.

[4] Como exemplo, cito a Lei das Estatais. BRASIL. Lei n. 13.303, de 30 de junho de 2016. Disponível em: https://www.planalto.gov.br/ccivil_03/_ato2015-2018/2016/lei/l13303.htm. Acesso em: 18 fev. 2023.

e o suborno em todas as suas formas" relacionada diretamente à construção de instituições eficazes, vislumbra a redução substancial da corrupção e do suborno em todas as suas formas. A comunicação transversal realizada pela busca da sustentabilidade deve levar em conta as racionalidades dos outros sistemas sociais e não somente a relação do Sistema Econômico com a natureza.

A estrutura de um programa de *Compliance* ou de Integridade, como é chamado pelo Exército Brasileiro (EB), pode ser estabelecida basicamente em nove pilares: 1. Suporte da alta administração (*Top of Down*); 2. Avaliação de riscos (*Risk Assessment*); 3. Código de conduta e políticas de *Compliance*; 4. Controles internos; 5. Treinamento e comunicação; 6. Canais de denúncias (*Whistleblowing*) ou Linha Ética; 7. Investigações internas; 8. *Due Diligence*; e 9. Auditoria e monitoramento. Podem apresentar variações nas diversas instituições ou empresas que o implementaram[5].

A Força Terrestre estruturou o seu Programa de Integridade do Exército Brasileiro (Prg I-EB) somente com os elementos obrigatórios[6] e tratou do tema denúncia de forma peculiar, o que instigou a pesquisa sobre sua (in)efetividade. Trouxe os procedimentos obrigatórios previstos para estruturação, execução e monitoramento do seu Prg I-EB, especificamente a designação da Unidade de Gestão da Integridade; a elaboração e aprovação do Prg I-EB; e a execução e monitoramento do Prg I-EB. A investigação que se pretende realizar ultrapassa a simples análise de existência normativa em busca de uma ponderação teórica sistêmica da efetividade. Os pilares do Prg I-EB vão muito além do que está normatizado, constituem uma atuação institucional sistêmica.

[5] Didaticamente, o *compliance* será referido como Programa de Integridade para se adequar à nomenclatura da Instituição que se pretende pesquisar. O Programa de Integridade é um Sistema vivo e deve ser implantado a partir de uma realidade específica dentro das Instituições. A Linha Ética bem estruturada e efetiva é um ferramental muito importante para correção de rumos e atitudes, pavimentando e solidificando o caminho de implantação dos outros pilares do Programa. Tem um fator impactante para a mudança de mentalidade da Alta Direção de qualquer Instituição.

[6] O EB adotou em seu Prg I-EB somente o previsto na Portaria n. 1.089, de 25 de abril de 2018. *In*: BRASIL. Ministério da Transparência e Controladoria-Geral da União. Portaria n. 1.089, de 25 de abril de 2018. Estabelece orientações para que os órgãos e as entidades da administração pública federal direta, autárquica e fundacional adotem procedimentos para a estruturação, a execução e o monitoramento de seus programas de integridade e dá outras providências. Disponível em: https://www.in.gov.br/web/guest/materia/-/asset_publisher/Kujrw0TZC2Mb/content/id/11984199/do1-2018-04-26-portaria-n-1-089-de-25-de-abril-de-2018-11984195. Acesso em: 22 ago. 2022.

O país passou por escândalos de corrupção que abalaram a sociedade[7] e fez surgir um movimento de desconfiança na gestão pública, impulsionando mecanismos de controle social[8]. A intenção deste trabalho é servir de reflexão e questionamento se mecanismos de controle se adequam à atual fase de efetivação do Prg I-EB.

O gestor público deve ser valorizado e para isso não se pode conceber que paire sobre ele a sombra da dúvida por não possuir mecanismos de integridade eficientes. Ao estudar a efetividade da Linha Ética no EB, atualmente constituída por canal de reporte[9], percebemos uma vulnerabilidade Institucional. Não basta ser ético, é primordial demonstrar a ética.

O pudor com a *res publica* começa com o desnudamento, com a visibilidade, com o controle social, com o apontamento, com o grito, com o alerta, com a possibilidade de se fazer uma denúncia contra a malversação do uso do recurso público. Como diz Louis Brandeis (1856-1941), então membro da Suprema Corte norte-americana, "a luz do sol é o melhor desinfetante"[10].

O *compliance* pode ter replicação e complexidade variada na sua implantação. Com o objetivo de descomplexificar as estruturas organizacionais do Prg I-EB, far-se-á necessária uma breve abordagem da temática dentro dos normativos do EB, para se chegar ao levantamento da problemática que se pretende investigar.

O Governo Federal possuiu a Plataforma Integrada de Ouvidoria e Acesso à Informação [Fala.BR (e-Ouv)]. A Fala.BR é um canal integrado para encaminhamento de manifestações como acesso a informação, denúncias, reclamações, solicitações, sugestões, elogios e o simplifique a órgãos e entidades do poder público.

---

[7] Como exemplo, cito a Operação Lava Jato. "A Operação Lava Jato, uma das maiores iniciativas de combate à corrupção e lavagem de dinheiro da história recente do Brasil, teve início em março de 2014. Na época, quatro organizações criminosas que teriam a participação de agentes públicos, empresários e doleiros passou a ser investigada perante a Justiça Federal em Curitiba. O trabalho cresceu e, em função dos desdobramentos, novas investigações foram instauradas em vários estados ao longo de mais de seis anos. Em parte deles – caso do Rio de Janeiro e de São Paulo – os procuradores naturais passaram a contar com a colaboração de colegas e a atuação conjunta se deu no modelo de força-tarefa. Pela própria natureza, esse modelo é marcado pela provisoriedade. Em 2021, a fim de assegurar estabilidade e caráter duradouro ao trabalho, a sistemática da força-tarefa é incorporada aos Grupos de Atuação Especial de Combate ao Crime Organizado (Gaecos)." *In:* BRASIL. Ministério Público Federal. **Caso Lava Jato.** Disponível em: https://www.mpf.mp.br/grandes-casos/lava-jato. Acesso em: 18 fev. 2023.

[8] Neste trabalho abordo o controle social como um conjunto de mecanismos, externos e internos, utilizado com a finalidade de controlar e persuadir o comportamento e a mentalidade dos indivíduos em sociedade. Tais mecanismos partem das normas, regras, valores a atuação institucional para a manutenção da ordem e da legalidade. A Linha Ética, neste contexto, revela-se bastante adequada aos propósitos desse controle.

[9] Canal de reporte no caso em estudo é referente a uma obrigação legal do militar em levar irregularidade ao seu chefe ou superior hierárquico por meio de comunicação interna no EB.

[10] A citação é atribuída ao juiz Louis Brandeis, realizada em 1913, entretanto, já estava em circulação antes desse período.

No EB, o normativo que trata do assunto é a Portaria do Comandante do Exército nº 1.356, de 2 de setembro de 2019[11], que Institui a Ouvidoria do Exército Brasileiro e aprova as Instruções Gerais para o funcionamento da Ouvidoria do Exército Brasileiro (EB10-IG-01.031), 1ª Edição, 2019. Esse normativo regula e operacionaliza o canal de comunicação com o EB, sendo o ponto nevrálgico para a análise da (in)efetividade da Linha Ética dentro da Instituição.

A Unidade de Ouvidoria do EB faz parte da estrutura organizacional do Centro de Comunicação Social do Exército (CCOMSEx) e é um sistema único para toda a Força Terrestre. Todas as demandas da Fala-BR são direcionadas ao Comando do Exército e processadas por esse órgão.

A ferramenta de denúncia assegura, conforme as legislações mais modernas e atuais do país[12], a preservação do anonimato dos denunciantes. Além disso, temos o conceito da pseudonimização[13] como sendo o ato de dar tratamento por meio do qual um dado perde a possibilidade de associação, direta ou indireta, a um indivíduo, senão pelo uso de informação adicional mantida separadamente pelo controlador em ambiente controlado e seguro.

Disposição diametralmente oposta permaneceu no Regulamento Disciplinar do Exército (RDE) que define como transgressão disciplinar, no número 6 de seu Anexo I (Relação de Transgressões), o fato de "não levar falta ou irregularidade que presenciar, ou de que tiver ciência e não lhe couber reprimir, ao conhecimento de autoridade competente, no mais curto prazo", ignorando a preservação do anonimato e tratamento pseudonimizado do denunciante de boa-fé[14].

Caso o denunciante integrante do EB opte em utilizar a ferramenta de denúncia da Fala-BR (Ouvidoria do governo federal), há no rol de prováveis transgressões que pode ser enquadrado, a possibilidade de sub-

---

[11] Publicada no Boletim do Exército n. 36 de 2019. **Secretaria-Geral do Exército - Boletins do Exército**, 2019. Disponível em: http://www.sgex.eb.mil.br/sistemas/boletim_do_exercito/boletim_be.php. Acesso em: 19 out. 2021.

[12] Alteração legislativa na lei que trata do serviço telefônico de recebimento de denúncia, de conteúdo penal, introduziu a necessidade de o informante ter direito à preservação de sua identidade, a qual apenas será revelada em caso de relevante interesse público ou interesse concreto para a apuração dos fatos. *In*: BRASIL. Lei n. 13.964, de 24 de dezembro de 2019. Disponível em: https://www.planalto.gov.br/ccivil_03/_ato2019-2022/2019/lei/l13964.htm. Acesso em: 18 fev. 2023.

[13] Art. 13. *In*: Lei Geral de Proteção de Dados Pessoais. Disponível em: https://www.planalto.gov.br/ccivil_03/_ato2015-2018/2018/lei/l13709.htm. Acesso em: 18 fev. 2023.

[14] Para os fins deste trabalho, o denunciante de boa-fé é aquele cidadão que denuncia uma irregularidade e que não participou ou participa dela. A disfuncionalidade comunicativa desse comando normativo dentro da programação sistêmica do EB será abordada no capítulo 3.

sunção no número 9[15] do Anexo I do RDE, que é uma transgressão grave, podendo ensejar desde prisão disciplinar até o licenciamento ou exclusão a bem da disciplina.

Trata-se de deixar de cumprir prescrições expressamente estabelecidas no Estatuto dos Militares ou em outras leis e regulamentos, desde que não haja tipificação como crime ou contravenção penal, cuja violação afete os preceitos da hierarquia e disciplina, a ética militar, a honra pessoal, o pundonor militar ou o decoro da classe. Nesse ponto, destaco a aviltamento da lealdade à Instituição que representa inobservância da ética castrense, passível de reprimenda severa.

No contexto normativo que rege os integrantes do EB, observamos um dever legal de lealdade para informar ao superior hierárquico ou chefe imediato eventual irregularidade que venha a tomar conhecimento, constituindo um canal de reporte e obedecendo formalidades próprias. Os normativos de combate à corrupção recentemente criados ou aperfeiçoados, por vezes conflitam com os regramentos castrenses de perfil rígido.

Atualmente, em uma análise estritamente jurídica, a proteção do denunciante no regime do EB não existe pela simples possibilidade do ato de denunciar em canal externo ao EB ser passível de que ocorra uma punição disciplinar[16].

A doutrina do direito castrense normalmente aborda o assunto sob a ótica jurídica-dogmática de seus normativos. Mais especificamente, o problema de pesquisa consiste em indagar qual é a efetividade da Linha Ética do Prg I-EB em relação ao Sistema de denúncia[17]?

Para que se busque a paz, a justiça e instituições eficazes, principalmente no combate à corrupção, é necessário que se aprofundem os estudos neste tema, para o aperfeiçoamento dos canais de denúncia e de reporte nas instituições militarizadas, como é o EB.

Embora as hipóteses, no campo das ciências sociais aplicadas, sejam dotadas de extrema fluidez, é possível conceber linhas hipotéticas, sem perder de vista que suposições feitas sobre essa situação fático-normativa podem

[15] "Deixar de cumprir prescrições expressamente estabelecidas no Estatuto dos Militares ou em outras leis e regulamentos, desde que não haja tipificação como crime ou contravenção penal, cuja violação afete os preceitos da hierarquia e disciplina, a ética militar, a honra pessoal, o pundonor militar ou o decoro da classe."

[16] A disfuncionalidade comunicativa da programação sistêmica que tutela a disciplina e a hierarquia, no caso o RDE, será abordada no capítulo 3.

[17] A palavra "Denúncia" é polissêmica dentro do Sistema do Direito. No presente trabalho, o significado que será empregado é o de um ato verbal ou escrito pelo qual alguém leva ao conhecimento da autoridade competente um fato contrário à lei, à ordem pública ou a algum regulamento e suscetível de punição. Não será utilizado o significado de peça de direito processual.

vir a sofrer alterações, mas serão de grande valia para o entendimento das irritações sistêmicas[18] que, sob as condições de abertura cognitiva em face do ambiente, o Sistema Jurídico pode tomar providências para desparadoxizar a autorreferência[19], possibilitando a capacidade de conexão com as comunicações de outros sistemas. Por fim, promover o acoplamento estrutural entre o Sistema da Política em relação aos compromissos assumidos pelo Brasil no combate à corrupção e a proteção de denunciantes.

As suposições feitas também se relacionam com dados etnográficos do meio militar, por ser inafastável a necessidade de entender a cosmologia militar que opera a abertura cognitiva e o fechamento operativo do Sistema Militar. A pesquisa é pioneira ao contextualizar conhecimentos antropológicos a aspectos práticos do direito castrense e a mentalidade dos que o aplicam. É o mundo social militar influenciando nas decisões do Alto Comando na aplicação da lei. O "recrutamento endógeno"; aspectos da "família militar"; o "companheirismo compulsório"; a "resistência à mudança"; a "oposição simbólica entre civil e militar"; e a distinção constante entre "amigo" e "inimigo", a "reação padronizada" a determinadas situações e "a vitória cultural" operada por uma "instituição totalizante" devem ser estudados[20] para entender o que permeia de forma subliminar, o processo de tomada de decisão para o estabelecimento do Prg I-EB. A busca por estudos antropológicos se deu para que este pesquisador não se deixe levar pela inevitável parcialidade[21] que poderia provocar o exercício da autoantropologia, provocando uma perda de cientificidade na pesquisa.

Assim, apenas com finalidade metodológica e didática de orientar possíveis resultados ao problema proposto, colocam-se três hipóteses[22], segundo as quais:

---

[18] O termo "irritação" pode passar um significado negativo no vernáculo português, entretanto, na significação Luhmanniana tem uma conotação neutra que pode ser traduzida como "estimulação" de um sistema em outro.

[19] Desparadoxizar a autorreferência por meio de uma observação sistêmica Luhmanniana significa que a partir de seus pressupostos podemos levantar novas "verdades", diferentes das "verdades" que o "Sistema Militar" utiliza em sua programação e revela aos seus integrantes.

[20] Termos utilizados por antropólogos que se dedicaram a estudar o ambiente militar brasileiro. As posições onde os termos foram empregados dentro do *E-Book* estarão especificadas caso a caso no capítulo 1. *In*: CASTRO, Celso. **O espírito Militar**: um antropólogo na caserna. 3. ed. rev. e amp. Rio de Janeiro: Zahar, 2021. *E-Book*. *In*: CASTRO, Celso; LEIRNER, Piero. **Antropologia dos Militares**: reflexões sobre pesquisa de campo. Rio de Janeiro: FGV, 2009.

[21] Este pesquisador é oficial superior do EB. As impressões colhidas na pesquisa foram lastreadas em dados de pesquisa de campo realizadas por antropólogos no ambiente militar brasileiro.

[22] Na construção das hipóteses houve uma preocupação em colocar a hipótese ideal na frente das outras para que, realmente, seja testada.

1ª Hipótese) O Prg I-EB é efetivo em relação ao canal de reporte estabelecido por determinação normativa, atendendo a programação do Sistema Militar.

2ª Hipótese) O público interno desconhece o Prg I-EB e o Sistema de Ouvidoria do EB, dificultando a iniciativa de sua implantação.

3ª Hipótese) O Prg I-EB, em relação ao canal de reporte preconizado pela Ouvidoria do EB, não cumpre sua finalidade por disfuncionalidade comunicativa devido ao receio dos militares[23] em levar alguma irregularidade ao seu chefe ou superior imediato e sofrerem algum tipo de retaliação.

Este trabalho tem natureza jurídica-hermenêutica-antropológica por analisar aspectos legais e normativos conjugados com interpretação hermenêutica e antropológica do ambiente militar.

A natureza jurídica se justifica pela revisão bibliográfica de autores voltados à pesquisa sobre *compliance* e canais de denúncia. Leis, livros e manuais foram consultados em busca de conceitos e aplicabilidade.

A natureza hermenêutica se justifica pelo uso da Teoria dos Sistemas do alemão Niklas Luhmann sob a ótica de autores decoloniais[24], que dedicaram suas obras para estudar a aplicação da teoria luhmanniana.

A natureza antropológica se justifica no sentido de que há na sociedade brasileira relações entre civis e militares como sistemas sociais que operam por comunicações peculiares. Estudos etnográficos no ambiente militar revelaram algumas comunicações típicas do sistema castrense que podem ajudar na interpretação dos resultados obtidos durante a pesquisa.

---

[23] Como exemplo, o trabalho aborda o receio ou uma interpretação equivocada de que o militar que pratique o ato de reportar ou denunciar seja considerado um "Inimigo Verde Oliva (IVO)" perante a coletividade, inibindo essa iniciativa de controle social. A expressão "IVO" faz parte da "cosmologia militar", mais especificamente vinculada à disfuncionalidade comunicativa relacionada à distinção entre "amigo/inimigo". No caso dos militares temporários não se pode descartar o receio do licenciamento, ou seja, a perda da continuidade no serviço ativo. Os militares temporários têm sua prorrogação de tempo de serviço anualmente, podendo permanecer no EB pelo período máximo de 8 anos. Essa renovação é feita por ato administrativo discricionário, após terem sido convocados. Um indeferimento de renovação motivado por conveniência e oportunidade tem pouca viabilidade de contestação judicial, principalmente no caso de conter uma motivação subliminar, tendo em vista o militar temporário ter apresentado uma irregularidade a seu chefe ou superior hierárquico. Trata-se de hipótese levantada e sobre o imaginário que pode permear o pensamento do militar temporário, como foi captado no Diário de Pesquisa.

[24] A obra de Niklas Luhmann no original é escrita em alemão. Tendo em vista a limitação deste pesquisador na capacidade leitora no idioma alemão, procurou-se obras no idioma português, inglês e espanhol em que autores decoloniais o interpretaram ou o traduziram.

A investigação científica que se pretende desenvolver se dará em um ambiente de trânsito acadêmico limitado e peculiar, estabelecendo um pioneirismo ao contextualzar conhecimentos antropológicos a aspectos práticos do direito castrense e à mentalidade dos que o aplicam, o Alto Comando do EB e os demais círculos do mundo social militar. O estudo irá contribuir para diagnosticar uma realidade de uma Instituição hierarquizada que implantou um Programa de Integridade, podendo projetar novos horizontes de pesquisa sobre o controle social em instituições desse gênero, tanto civis quanto militares. Ao se diagnosticar a efetividade da Linha Ética dentro do EB, poderemos verificar o real alcance dos seus efeitos para a administração pública, que sofre com a malversação de recursos públicos, projetando boas práticas ou oportunidades de melhoria para emprego pela sociedade.

O *compliance* é uma mentalidade da alta direção de todas as instituições e empresas. Por se tratar de mentalidade, não há como se afastar o íntimo e a motivação dos gestores máximos em implementá-lo. Todo poder emana do povo[25] e o canal de denúncia é instrumento de cobrança e controle social, merecendo ser estudado e aperfeiçoado para que impulsione uma democracia pujante.

Quanto à organização deste trabalho, está estruturado em quatro capítulos.

O primeiro capítulo fará uma contextualização antropológica com o uso de estudos etnográficos no meio castrense para se contextualizar a cosmologia militar, suas nuances e vicissitudes que podem influir nos resultados obtidos durante a pesquisa.

No segundo capítulo serão abordados os principais elementos de um programa de *compliance* para ambientação de sua visão macro. Dentro da magnitude de um programa de *compliance,* será feito um recorte sobre a importância do controle social e do instrumento dos canais de denúncia e a proteção dos denunciantes.

O terceiro capítulo tratará da Teoria dos Sistemas e de suas irritações mútuas, que provocaram a evolução normativa em busca por transparência e um efetivo controle social. Abordará a operacionalização da denúncia realizada pelo governo federal por meio da Fala.BR. Discutirá o fechamento operacional e cognitivo ocorrido no EB entre o acoplamento estrutural da

[25] § único do art. 1º da Constituição Federal de 1988. BRASIL. **Constituição Federal**. Disponível em: http://www.planalto.gov.br/ccivil_03/constituicao/constituicao.htm. Acesso em: 15 jul. 2022.

política e o Sistema Militar, tendo em vista seu regulamento disciplinar trazer um tipo específico de transgressão que levou à adoção de um metacódigo de inclusão/exclusão, não permitindo a evolução sistêmica, deixando-o vulnerável à corrupção[26] por outros sistemas ou subsistemas. Analisará a ilegalidade de persecução administrativa-disciplinar contra o denunciante militar e o risco de alguma forma de alopoiese[27] nessa hipótese.

No quarto capítulo, serão analisados os dados sob a perspectiva da teoria sistêmica e da antropologia. É o capítulo mais interessante da pesquisa por conter uma análise multimétodo, onde se concluirá pela (in)efetividade da Linha Ética no EB.

[26] Aqui há o emprego do termo corrupção segundo a matriz luhmanniana, entendida como interferência de um sistema/subsistema em outro.

[27] Derivada etmologicamente do grego *állos* (um outro, diferente) e *poíeses* (produção, criação), que significa a (re)produção do sistema por critérios, programas e códigos do seu ambiente.

1

CONTEXTUALIZAÇÃO ANTROPOLÓGICA DO MEIO MILITAR

As afinidades entre o antropólogo e um soldado são consideráveis, sendo possível se utilizar das palavras do poeta Luís de Camões para as duas profissões, onde ele descreve os militares em sua essência, no trecho "A disciplina militar prestante Não se aprende, Senhor, na fantasia, Sonhando, imaginando ou estudando, senão vendo, tratando e pelejando[28]". Este pesquisador buscou amparo na ciência antropológica para contextualizar seus achados de pesquisa.

O militar, por formação, lida e lidera homens e mulheres, com suas virtudes e fraquezas, emoções, anseios e frustrações, constituindo, em coletividade, o elemento propulsor da engrenagem que conduz o EB à realização de seus objetivos. Conhecer o ser humano como força motriz castrense é o que permitirá ao líder militar o conhecimento mais profundo das capacidades e das limitações de cada um. Esse conhecimento prepara o militar não apenas para escolher o mais qualificado para uma determinada missão, mas também poderá atender, de uma forma mais efetiva, às suas necessidades e proporcionar-lhes bem-estar. O líder militar deve saber, ser e fazer, além de interagir com o grupo e com a situação segundo premissas da liderança militar ensinada em seu caderno de instrução do tema[29].

Para exercer bem seu ofício, o militar necessita conhecer o "ser soldado" profundamente, da mesma forma que o antropólogo estuda os seres humanos e a maneira como vivem. A profissão militar é mais que uma ocupação, é todo um estilo de vida[30], que refletirá sobremaneira no "agir militar" e na predisposição de atuação *manu militari*[31].

---

[28] CAMÕES, Luís de. **Os Lusíadas**. 2. ed. São Paulo: Amazon, 2021. *E-Book*. Canto X, 153. p. 300.

[29] BRASIL. Ministério da Defesa. Exército Brasileiro. **Liderança Militar (C 20-10)**. Disponível em: https://bdex.eb.mil.br/jspui/bitstream/123456789/302/1/C-20-10.pdf. Acesso em: 11 ago. 2022.

[30] JANOWITZ, Morris. **O soldado profissional**: um estudo social e político. Rio de Janeiro: GRD, 1997. p. 101.

[31] *Manu militari* é uma locução em latim que significa, literalmente, "com mão militar" ou seja, "com uso de força militar" ou ao "estilo militar".

O recorte proposto dentro deste capítulo traz achados de pesquisas de campo que serão contextualizados pelo pesquisador, por ser um "nativo": militar da ativa do EB. Buscou-se fontes científicas nas quais os pesquisadores superaram a visão externa em relação aos militares que se arriscavam a vê-los com um olhar exotizante e etnocêntrico, para uma visão interna de seu mundo social, para melhor compreender a construção de sua identidade militar e como se estrutura sua visão de mundo[32], ou seja, o "ambiente militar" que este pesquisador necessitará para interpretar os achados de pesquisa.

Os estudos antropológicos no meio militar sempre foram monitorados pelos militares e, por diversas vezes, antropólogos que se dedicaram em pesquisar o meio militar se queixaram da tentativa de controle da pesquisa e de dificuldade de acesso a documentos e a relatos espontâneos de militares. Além disso, os estudos etnográficos não são difundidos *interna corporis*[33], como uma espécie de contenção típica de "instituições totalizantes"[34].

Esse pesquisador-nativo empregou a técnica de observação participante de investigação do ambiente militar, na medida em que partilho das nuances desse "agir militar", por ser integrante do EB, registrando em um Diário de Pesquisa[35] tudo que pode ser relacionado aos achados antropológicos. Esse estilo de pesquisa, correlacionando a visão externa sobre militares realizada por cientistas sociais civis e a contextualização interna realizada por um pesquisador-nativo é, por si só, inovador e precursor de outras que virão sobre esse fascinante ambiente militar e sua interação sistêmica.

---

[32] CASTRO, Celso; LEIRNER, Piero. Por uma antropologia dos militares. *In*: CASTRO, Celso; LEIRNER, Piero. **Antropologia dos Militares**: reflexões sobre pesquisa de campo. Rio de Janeiro: FGV, 2009. *E-Book*. Posição 8. LEIRNER, Piero. Etnografia com militares: fórmula, dosagem e posologia. *In*: CASTRO, Celso; LEIRNER, Piero. *Op. Cit.* p. 32; 36; 50. CHINELLI, Fernanda. Pesquisa e aliança: o trabalho de campo com mulheres de militares. *In*: CASTRO, Celso; LEIRNER, Piero. *Op. Cit.* p. 97. SILVA, Cristina Rodrigues da. Explorando o "mundo do quartel". *In*: CASTRO, Celso; LEIRNER, Piero. *Op. Cit.* p. 118; 123. SOUZA, Alexandre Colli de. **Etnografando militares**: obstáculos, limites e desvios como parte construtiva de visões nativas. *In*: CASTRO, Celso; LEIRNER, Piero. *Op. Cit.* p. 162; 172. ATASSIO, Aline Prado. **A formação de praças no Exército**: experiência de campo na Escola de Sargentos das Armas. *In*: CASTRO, Celso; LEIRNER, Piero. *Op. Cit.* p. 181; 185; 189.

[33] CASTRO, Celso. **O espírito Militar**: um antropólogo na caserna. 3. ed. rev. e amp. Rio de Janeiro: Zahar, 2021. *E-Book*. p. 23-24; 214-223.

[34] O termo "instituição totalizante" não tem caráter pejorativo e será tratada de forma específica no subtítulo "1.3 Instituição totalizante e a reação de forma padronizada" deste mesmo capítulo.

[35] O conteúdo relevante dos apêndices e anexos criados e coletados para a pesquisa serão inseridos no texto do livro, não havendo a necessidade de consulta, dando maior fluidez na leitura.

Figura 1 – Representação figurativa do estilo de pesquisa

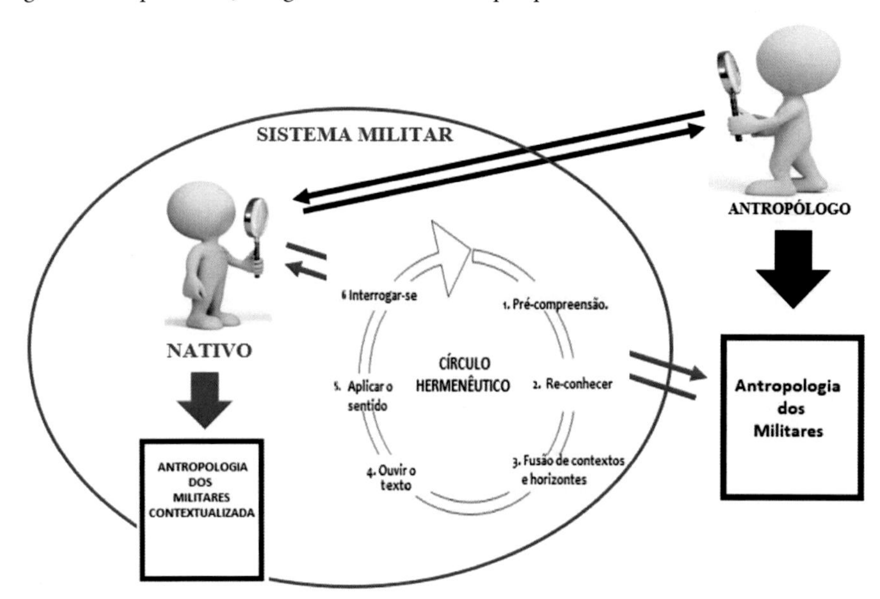

Fonte: autoria própria

A figura anterior retrata uma "antropologia dos militares", ou seja, relativa aos militares, produzida por cientistas sociais, que o analisam como um "nativo" em seu sistema social, em contraponto de uma "antropologia militar", de posse dos militares. A figura representa também o diferencial deste trabalho, que é a produção de uma "antropologia dos militares contextualizada", como achado secundário de pesquisa e como caminho necessário para busca do conhecimento principal: analisar a (in)efetividade da Linha Ética do Programa de Integridade do EB.

Nesta fase da pesquisa, o círculo hermenêutico[36] foi utilizado sob uma perspectiva antropológica, analisando a cultura militar na hierarquia dos significados[37], de modo a produzir uma leitura da análise antropológica, produzindo um resultado contextualizado que o nativo tem de sua própria cultura.

[36] A interpretação dos achados de pesquisa primários será analisada a luz da Teoria Sistêmica de Niklas Luhmann, entretanto, nessa fase da pesquisa, utilizarei o círculo hermenêutico sob a perspectiva antropológica.

[37] Estabelecendo a cultura militar na hierarquia dos significados, me distanciei do caráter ôntico, voltado apenas para o texto e busquei uma dimensão ontológica visando à compreensão do *Dasein (Ser-aí)*, participando do estudo. Nesse ponto, visualizo uma aproximação da hermenêutica heideggeriana com a teoria luhmanniana no sentido que o direito é entendido como a sociedade em movimento, formada por comunicações.

1.1 A "família militar" e o recrutamento endógeno

A "família militar" é um patrimônio imaterial do EB, cultuado em suas tradições, celebrações e valores. Esse componente psicossocial está presente como base familiar e condição *sine qua non* para a consolidação de comportamentos socialmente adequados no ambiente militar. É um amálgama que solidifica e fortalece cada integrante do EB e contribui para o espírito de corpo para além dos muros dos quartéis.

Antropólogos retratam como categoria nativa que estende os laços de parentesco para além da família nuclear, fundamental para a compreensão da dinâmica das relações sociais no meio militar[38]. Os militares possuem uma vida nômade pela característica de vivência nacional, que acaba por mantê-los afastados fisicamente do núcleo mais íntimo de vínculo sanguíneo. Esse escasso contato com as famílias de origem é muito comum, provocando nos oficiais e praças do EB[39], esposas e filhos uma maior interação com seus pares e as demais famílias que residem nas vilas e prédios militares[40], além de constantes encontros de confraternização e interação da "família militar", promovidos e incentivados pela Instituição.

As exigências da profissão militar não ficam restritas apenas ao seu integrante, mas afetam, também, a vida familiar e podem interferir na formação do seu patrimônio; na educação dos dependentes; no exercício de atividades remuneradas pelo cônjuge; e no estabelecimento de relações duradouras e permanentes na comunidade[41].

Devido ao valor que o EB dedica ao núcleo familiar militar, resolveu institucionalizar o "Dia da Família Militar"[42] como mais um momento de congraçamento entre militares das diversas OM espalhadas pelo Brasil, reforçando essa irmandade da caserna.

---

[38] CHINELLI, Fernanda. Pesquisa e aliança: o trabalho de campo com mulheres de militares. *In*: CASTRO, Celso; LEIRNER, Piero. **Antropologia dos Militares**: reflexões sobre pesquisa de campo. Rio de Janeiro: FGV, 2009. *E-Book*. Posição 1841.

[39] Ver Postos e Graduações no Exército.

[40] As casas e apartamentos ocupados por militares são imóveis da União Federal denominados de Próprio Nacional Residencial (PNR).

[41] BRASIL. Ministério da Defesa. Exército Brasileiro. Portaria C Ex n. 650, de 10 de junho de 2016. Aprova a Diretriz para a entronização de D. Rosa da Fonseca como Patrona da Família Militar e implantação do Dia da Família Militar (EB10-D-05.001) e dá outras providências. Disponível em: http://www.sgex.eb.mil.br/sg8/006_outras_publicacoes/01_diretrizes/01_comando_do_exercito/port_n_650_cmdo_eb_10jun2016.html. Acesso em: 26 ago. 2022.

[42] Comemorado no dia 18 de setembro, por meio da Portaria n. 650, do Comandante do Exército, de 10 de junho de 2016, que aprova a diretriz para a entronização de D. Rosa da Fonseca como Patrona da "Família Militar" e implantação do "Dia da Família Militar" (EB10-D-05.001) e dá outras providências.

O companheirismo que se forma no ambiente militar é construído a base de interação social endógena[43] que começa lançar os alicerces para a construção da família militar:

> A solução coletiva, considerada como a ideal por cadetes e por oficiais, é buscar forças no "companheirismo". Esse termo subentende um convívio "cerrado", e os cadetes insistem que o companheirismo (também falam "camaradagem" e "amizade") na Aman não é "abstrato", mas sim "real", "concreto", manifestando-se cotidianamente em diversas situações: na ajuda mútua (nos estudos, empréstimo de objetos etc.), no compartilhar de momentos bons e ruins, ou na simples proximidade física diária.

O exemplo anterior traz a interação social endógena na formação do oficial combatente do EB, oriunda da AMAN, entretanto, esse comportamento se replica em todas as escolas de formação, além das diversas organizações militares[44] espalhadas por todo o território nacional, onde são formadas as reservas mobilizáveis do EB. Mesmo quando o militar é transferido para outro local no território nacional, os comandantes, chefes ou diretores de organização militar escalam em Boletim Interno um "padrinho"[45] para facilitar a adaptação na nova guarnição, bem como iniciar os laços de interação com a família militar local.

Esse tipo de vínculo gera no ambiente militar uma espécie de fraternidade extremamente positiva para uma Força Armada, onde a confiança mútua de autoproteção é amplificada nas situações de combate. Não se pode olvidar desse componente psicossocial ao se analisar a efetividade de um canal de denúncia dentro de um Prg I-EB. Até que ponto um "irmão por escolha[46]" seria capaz de denunciar uma irregularidade de um membro da família militar?

Os militares, durante seu ritual de passagem para integrar a caserna, ou seja, ao vestirem a farda, "que não é uma veste, que se despe com facilidade e até com indiferença, mas uma outra pele, que adere à própria alma, irreversivelmente para sempre"[47], procuram se diferenciar do civil, por vezes em tom pejorativo:

---

[43] CASTRO, Celso; LEIRNER, Piero. Por uma antropologia dos militares. *In*: CASTRO, Celso; LEIRNER, Piero. **Antropologia dos Militares**: reflexões sobre pesquisa de campo. Rio de Janeiro: FGV, 2009. *E-Book*. Posição 164 e 732.

[44] Dados de 2021: 1.407 Organizações Militares do EB. BRASIL. Governo Federal. **Portal Nacional de Dados Abertos**. Disponível em: https://dados.gov.br/dataset/organizacao-militar. Acesso em: 26 out. 2022.

[45] CHINELLI, Fernanda. Pesquisa e aliança: o trabalho de campo com mulheres de militares. *In*: CASTRO, Celso; LEIRNER, Piero. *Op. Cit. Posição* 1856.

[46] O termo "irmão por escolha" foi inspirado no documentário "Irmãos por Escolha – Nenhum de nós é tão forte quanto todos nós juntos – AMAN". *In*: Irmãos por Escolha – Nenhum de nós é tão forte quanto todos nós juntos – AMAN. Disponível em: https://www.irmaosporescolha.com/. Acesso em: 26 out. 2022.

[47] Definição de farda de autoria do General Octávio Costa.

> [...] Antes de prosseguirmos, é necessário explicar um termo extremamente comum entre os militares: "paisano". É normalmente usado em lugar de "civil", mas, embora pareça ser a mesma coisa, não é. "Paisano" é um termo claramente depreciativo, como explica um tenente-coronel cassado em 1964: No momento em que o sujeito entra para o Exército, ali ele já começa a mudar o modo de pensar. É até curioso. Um soldado, poucos dias depois de entrar no Exército, ele está de serviço e vem trazer um recado ou então vem dizer que alguém quer falar com um oficial. Ele chega, faz aquelas continências, o processo todo de apresentação, e quando o oficial pergunta o que é que ele quer finalmente, ele diz: "Tem um paisano lá fora que quer falar com o senhor". Esse "paisano" é dito em tom pejorativo. Ele poderia dizer: "Tem um civil, tem um cidadão que quer falar com o senhor", mas não: "Um paisano lá fora quer falar com o senhor". A origem de "paisano" está no francês paysan (camponês, rústico). O equivalente a "paisano", em termos conotativos, seria "milico", depreciativo de "militar". Embora os militares usem "civil" quando se dirigem a civis, entre si eles usam quase sempre "paisano", [...][48]

Durante a vestimenta da farda, os integrantes do EB acabam por criar uma fronteira simbólica entre o "aqui dentro" do muro do quartel o "lá fora", que vem sendo temperado e abrandado ao longo do tempo e das gerações dessa secular Instituição militar. Hoje vemos uma interação entre experiências de militares mais antigos com as novas gerações, muito mais abertas a comunicações sistêmicas do mundo hiperglobalizado. Em entrevista concedida ao antropólogo Celso Castro[49] traduzida em livro[50] com o General de Exército Eduardo Dias da Costa Villas Bôas, que foi o Comandante do Exército Brasileiro, de 5 de fevereiro de 2015 até 11 de janeiro de 2019, temos a seguinte passagem:

> O senhor tinha quase 50 anos. Pelo que está falando, é a primeira vez que interage mais cotidianamente com civis. Sim. Por essa razão, atualmente, proporciona-se aos militares, desde muito cedo, conviver com ambientes externos ao Exército, além de trazermos pessoas de outros universos a experimentar nossas indiossincrasias. [...]

[48] CASTRO, Celso. **O espírito Militar**: um antropólogo na caserna. 3. ed. rev. e amp. Rio de Janeiro: Zahar, 2021. *E-Book*. Posição 776.

[49] Celso Castro e Piero Leirner são pioneiros no estudo antropológico dos militares brasileiros. Celso Castro realizou pesquisa de campo na AMAN entre 1987 e 1988 e defendeu, em 1989, sua dissertação de mestrado "O espírito militar", publicada em 1990. Piero Leirner pesquisou na Escola de Comando e Estado-Maior do Exército (ECEME) entre 1992 e 1995 e defendeu, em 1995, sua dissertação de mestrado Meia-volta, volver, publicada em 1997.

[50] CASTRO, Celso. **General Villas Bôas**: conversa com o comandante. Rio de Janeiro: FGV, 2021. p. 116-117.

> Na minha experiência de pesquisa na AMAN, no final dos anos 1980, pude ver que o cadete constrói uma fronteira simbólica entre o "aqui dentro" e o "lá fora". O senhor está falando que a experiência na ESG (Escola Superior de Guerra) quebrou essa percepção?
> Para a minha geração, essa afirmação é pertinente, mas, no que se refere aos mais novos, acredito que viverão essas experiências com muito mais naturalidade. Os cadetes, hoje, também são objeto do que relatei no sentido de, o mais cedo possível, proporcionar-lhes vivências que extrapolem o ambiente restrito do dia a dia castrense. Adicionalmente, a Escola Preparatória de Campinas, que anteriormente abrigava o segundo grau completo, levava os meninos a serem submetidos ao internato a partir de uma idade média de 15 anos. Atualmente, na mesma Escola, cursa-se o primeiro ano da AMAN, o que elevou a idade para 18 anos. Essa providência fez crescer, positivamente, a sensibilidade para perceber mudanças do ambiente onde o futuro oficial estará operando.

O ambiente militar vem ao longo do tempo interagindo com os sistemas sociais e produzindo aberturas cognitivas necessárias para sua evolução sistêmica. O que foi relatado por esse Comandante do Exército é uma realidade em ascensão dentro das escolas militares, decorrente, também, da própria expansão dos meios de tecnologia da informação e internet.

No contexto da família militar, o papel das esposas[51, 52] e, de certa forma, o dos filhos é fundamental para o crescimento profissional do marido, fato captado pela pesquisa de campo realizada com esposas de oficiais:

---

[51] No EB temos efetivos de homens e mulheres. A referência ao uso do termo "esposa" como contribuinte para o crescimento do marido se dá pelo uso do trabalho de campo escolhido como embasamento científico, realizado por Fernanda Chinelli. Há carência de estudos sobre as mulheres no contexto da "família militar". No EB, existem núcleos familiares formados por militares do sexo feminino e o companheiro do sexo masculino, bem como núcleos familiares formados por integrantes homossexuais, podendo ser ambos militares ou apenas um deles. CHINELLI, Fernanda. Nessa pesquisa há uma abordagem masculinizada da cosmologia militar tendo em vista a grande maioria do efetivo do EB ser composta por homens e as pesquisas etnográficas utilizadas com referencial acabarem replicando esse ambiente. Pesquisa e aliança: o trabalho de campo com mulheres de militares. *In*: CASTRO, Celso; LEIRNER, Piero. **Antropologia dos Militares**: reflexões sobre pesquisa de campo. Rio de Janeiro: FGV, 2009. Posição 164.

[52] Outra observação importante é o uso do termo "esposa" de militar de uma forma subalterna. Podemos perceber essa diferença de igualdade de gênero ao percorrer o artigo "Políticas públicas e ações afirmativas: um caminho (ainda) possível na busca pela igualdade e justiça de gênero no Brasil?" que propõe revisar a bibliografia especializada e discutir a função das políticas públicas sob a vertente das ações afirmativas como ferramenta do Estado Democrático de Direito para a busca pela igualdade de gênero. Pela recente inserção do sexo feminino na linha de ensino bélico militar, podemos perceber que são importantes essas ações, uma vez que remanescem no País a disparidade salarial, a inexpressiva representatividade política, a desigual divisão sexual do trabalho, que historicamente subalternizam as mulheres. Apesar da resistência do EB em inserir mulheres na linha de ensino bélico militar, essa busca pela igualdade está caminhando (lentamente). *In*: MACHADO, Mônica Sapucaia; ANDRADE, Denise de Almeida. Políticas públicas e ações afirmativas: um caminho (ainda) possível na busca pela igualdade e justiça de gênero no Brasil? **Espaço Jurídico Journal of Law**, v. 22, n. 2, 2021. Disponível em: https://periodicos.unoesc.edu.br/espacojuridico/article/view/27309. Acesso em: 14 nov. 2022.

> [...] Além dos constrangimentos comuns a qualquer campo, como o estranhamento inicial dos "nativos" com relação ao observador e vice-versa, fui percebendo que a "casa" não era completamente alheia às formalidades da instituição militar.[53] [...]
>
> [...] Foi então que comecei a perceber o que seria um de meus principais argumentos, que não pode ser separado das decisões de método tomadas durante o desenrolar da pesquisa: o comprometimento das mulheres de oficiais com as carreiras de seus maridos.[54] [...]
>
> [...] A esposa, sempre disposta ao lado do marido, recebeu um buquê de flores no final da solenidade, indicando que ela também era homenageada — afinal, as esposas são parte importante e ativa na construção da carreira militar. Como apontou Helena, esposa de Tarley: "A esposa também deve ter a vocação militar.[55][...]

Uma questão importante para a formação do fator psicossocial familiar militar está no papel das esposas[56] na relação e construção da carreira do militar. Como o militar tem uma vida nômade, isso implica renúncias por parte delas e da família, que, quando não são equacionadas, acabam por ocasionar rompimentos desse núcleo familiar. Atualmente, as novas gerações têm na esposa um amparo econômico, pois elas procuram-se inserir no mercado de trabalho e crescer profissionalmente, independente da carreira do marido.

Atualmente, as geração dos atuais comandantes nos mais altos níveis da carreira convivem com uma geração em que as esposas ou esposos, companheiros ou companheiras dos militares procuram ter uma vida ativa no mercado de trabalho, levando, inclusive, a certo desinteresse por parte de alguns em serem movimentados de guarnição militar, rotina inerente da profissão. Cito a entrevista[57] com o General de Exército Eduardo Dias da Costa Villas Bôas mencionada antes, no trecho em que se refere à sua mãe e à sua esposa:

---

[53] CHINELLI, Fernanda. Pesquisa e aliança: o trabalho de campo com mulheres de militares. *In:* CASTRO, Celso; LEIRNER, Piero. *Op. Cit. Posição* 1801.

[54] *Idem. Posição* 1828.

[55] SILVA, Cristina Rodrigues da. Explorando o mundo do quartel. *In*: CASTRO, Celso; LEIRNER, Piero. *Op Cit. Posição* 2792.

[56] Ressalto que a abordagem do papel das esposas se dá por uma opção devido à escassez de trabalhos antropológicos relacionados à diversidade de composição do núcleo familiar militar. Não se pode olvidar que a inserção do sexo feminino no EB se deu há relativamente pouco tempo, com a criação do Quadro Complementar de Oficiais (1989) e com o ingresso das primeiras mulheres na linha de ensino bélico na Academia das Agulhas Negras (2018). Pela primeira vez na história do EB, as mulheres poderão se tornar oficiais combatentes e chegar à patente de General de Exército e até ao comando da Força Terrestre.

[57] CASTRO, Celso. **General Villas Bôas**: conversa com o comandante. Rio de Janeiro: FGV, 2021. p. 23-26.

> Meus pais se casaram em janeiro de 1950. Minha mãe, sem nenhuma experiência de vida militar, mas munida de muita espontaneidade, bom humor e liderança, cumpriu um papel marcante em sua carreira. Quando ele serviu na ECEME, ela estruturou um curso de extensão cultural para mulheres. Vinte anos depois, Cida replicou esse modelo, por onde passei, com total sucesso entre as esposas. [...]
> E sua mãe trabalhava fora, ela acompanhava o seu pai?
> Minha mãe não trabalhava. Naquele tempo dificilmente as esposas o faziam. Fez o curso normal e mais tarde especializou-se em educação para surdos-mudos. Logo, meu pai foi transferido novamente e ela teve que interromper o trabalho. [...]
> Como foi a entrada da dona Cida na vila militar, na família militar? Ela não tinha parente, não era filha de militar. O senhor a avisou que teria essa vida de transferências, de procurar colégio para o filho...? [...]
> Mais tarde, quando tentou trabalhar, fomos transferidos novamente e então ela desistiu. Eu diria que a Cida foi sempre a esposa de militar perfeita, pois tinha uma participação muito ativa no ambiente militar. Me ajudou no meu trabalho e na minha carreira.

A "família militar" possuiu mecanismos de controle social e de posturas de seus integrantes, funcionando como contrainteligência informal e inusitada: a fofoca. Trata-se de um mecanismo de ataque aos que fogem do que a maioria das vilas militares ou grupos de mensagens da "família militar" acreditam ser a postura correta, independente de uma análise mais crítica do caso concreto sob crivo dos "irmãos por escolha". Esse controle social endógeno foi captado durante a pesquisa[58] e será analisado dentro da programação sistêmica militar. Esse comportamento pode interferir na resposta ao objetivo de pesquisa, principalmente quando os que fogem do padrão imposto ou professado são tratados como "Inimigos Verde Oliva (IVO)", que será tratado mais à frente.

> A fofoca, como há muito estabelecido, é um forte mecanismo de controle social. A partir do que presenciei no EPV, ficou claro para mim que ela atua como um importante constrangimento, contribuindo para reforçar a adoção do espírito coletivista do *ethos* militar. É uma maneira de inibir, nos moradores do prédio, comportamentos incompatíveis com

[58] A fofoca é uma palavra polissêmica e neste trabalho abordo seu significado no sentido do ato de fazer afirmações não baseadas em fatos concretos, especulando em relação à vida alheia.

> as normas sociais consideradas apropriadas. Isto porque o desviante pode sofrer sanções tanto sociais quanto profissionais, que talvez venham a prejudicar sua carreira.[59]

O "recrutamento endógeno" pode ser traduzido como uma forma do EB tentar captar dentro do seu círculo de influência, potencializado pelo vínculo psicossocial da "família militar", pessoal alinhado com suas crenças, valores e tradições[60]. Movimento legítimo e esperado de uma Instituição secular e tradicional.

Partindo de uma origem, podemos começar contextualizando com a formação dos dependentes de militares por meio do Sistema Colégio Militar do Brasil (SCMB)[61]. Os Colégios Militares (CM) são OM que funcionam como estabelecimentos de ensino de educação básica, com a finalidade de atender ao Ensino Preparatório e Assistencial[62].

Têm a finalidade de capacitar os alunos para o ingresso em estabelecimentos de ensino militares; com prioridade para a Escola Preparatória de Cadetes do Exército (EsPCEx) e para instituições civis de ensino superior[63] e, dentro das propostas educacionais, temos o despertar vocações para a carreira militar[64].

Os CM são educandários fortemente ancorados nos valores éticos e morais, nos costumes e nas tradições cultuados pelo EB, que desde tenra idade cultiva vínculo, apego e sentimento de pertença aos Colégios, além de serem sustentados sobre os mesmos pilares do EB: a hierarquia e a disciplina. Essa formação com grande enfoque em valores éticos e morais é

---

[59] CHINELLI, Fernanda. Pesquisa e aliança: o trabalho de campo com mulheres de militares. *In*: CASTRO, Celso; LEIRNER, Piero. **Antropologia dos Militares**: reflexões sobre pesquisa de campo. Rio de Janeiro: FGV, 2009. *E-Book*. Posição 1878.

[60] O termo "recrutamento endógeno" é utilizado na obra do antropólogo Celso Castro, que este pesquisador procurou conceituar por meio de sua experiência como nativo do ambiente castrense. *In*: CASTRO, Celso. **O espírito Militar**: um antropólogo na caserna. 3. ed. rev. e amp. Rio de Janeiro: Zahar, 2021. *E-Book*. Posição 2796.

[61] São 15 os Colégios Militares do EB distribuídos nas cidades de: São Paulo-SP; Juiz de Fora-MG; Santa Maria--RS; Campo Grande-MS; Fortaleza-CE; Belém-PA; Belo Horizonte-MG; Manaus-AM; Recife-PE; Curitiba-PR; Porto Alegre-RS; Salvador-BA; Brasília-DF e dois no Rio de Janeiro-RJ.

[62] Art. 2º. BRASIL. Ministério da Defesa. Exército Brasileiro. Portaria C Ex n. 1.714, de 5 de abril de 2022. Aprova o Regulamento dos Colégios Militares (EB10-R-05.173), 2ª edição, 2022. Disponível em: http://www.sgex.eb.mil.br/sg8/001_estatuto_regulamentos_regimentos/02_regulamentos/port_n_1714_cmdo_eb_05abr2022.html. Acesso em: 26 ago. 2022.

[63] § 3º do art. 2º. BRASIL. Ministério da Defesa. Exército Brasileiro. Portaria C Ex n. 1.714, de 5 de abril de 2022. *Op. Cit.*

[64] Inciso VII do art. 6º. BRASIL. Ministério da Defesa. Exército Brasileiro. Portaria C Ex n. 1.714, de 5 de abril de 2022. *Op. Cit.*

muito bem aproveitada pelo EB ao incentivar o ingresso na carreira militar de jovens vocacionados. De acordo com o General de Exército Eduardo Dias da Costa Villas Bôas, "os filhos de militar, atualmente, mantém-se em contato permanente no que eles denominam de comunidade dos FM (Filhos de Militar)"[65], demonstrando que o vínculo, apego e sentimento de pertença aos Colégios acompanham a vida do ex-discente para sempre, inclusive, são feitos encontros anuais de ex-discentes, assim como os egressos dos diversos estabelecimentos de ensino militares.

O "recrutamento endógeno", portanto, não é, em hipótese nenhuma, prejudicial para a Instituição, muito pelo contrário, reforça os seus valores desde a formação do jovem, seu ingresso na vida adulta e na profissão militar.

Outro exemplo emblemático para contextualização do "recrutamento endógeno" se trata da criação do Quadro Complementar de Oficias (QCO), que é composto por oficiais com curso superior, realizado em universidades civis, em diferentes áreas do conhecimento e especializações técnicas necessárias ao EB, que resultou de decisão que trouxe profissionais de ambos os sexos e diversas especialidades para emprego em atividades de natureza administrativa e complementar, incrementando, significativamente, a eficiência da atividade-meio da Força Terrestre.

Desde a criação do QCO[66], houve uma destinação legal para a admissão para o Quadro de militares prioritariamente no serviço ativo, caracterizando um "recrutamento endógeno". De 3 de outubro de 1989 a 14 de janeiro de 2013 havia a previsão de reserva de vagas para militares em serviço ativo no Ministério do Exército[67, 68] e destinava-se a aproveitar praças[69] que realizavam curso superior em estabelecimentos civis, em áreas de interesse do EB.

Para exemplificar o "recrutamento endógeno", este pesquisador se baseia em achado de pesquisa realizado por Celso Castro[70], em que podemos extrair o seguinte quadro:

---

[65] CASTRO, Celso. **General Villas Bôas**: conversa com o comandante. Rio de Janeiro: FGV, 2021. p. 23-26.

[66] BRASIL. Lei n. 7.931, de 2 de outubro de 1989. Disponível em: https://www.planalto.gov.br/ccivil_03/leis/1989_1994/l7831.htm. Acesso em: 18 jun. 2022.

[67] Com a criação do Ministério da Defesa, o Ministério do Exército passou a ser denominado Comando do Exército.

[68] BRASIL. Lei n. 12.789, de 11 de janeiro de 2013. Disponível em: https://www.planalto.gov.br/ccivil_03/_Ato2011-2014/2013/Lei/L12786.htm#art1. Acesso em: 15 jun. 2022.

[69] Ver Postos e Graduações no Exército.

[70] CASTRO, Celso. **O espírito Militar**: um antropólogo na caserna. 3. ed. rev. e amp. Rio de Janeiro: Zahar, 2021. *E-Book*. Posição 2778 e 2796.

Quadro 1 – Porcentagem de cadetes filhos de civis e militares, em quatro períodos, na AMAN

Filiação /Anos	1941-3	1962-6	1984-5	2000-2
Civis	78,8 %	65,1 %	48,1 %	54,6 %
Militares	21,2 %	34,9 %	51,9 %	45,4 %
Total de cadetes	1.031	1.176	812	1.274

Fonte: Celso Castro

Uma observação importante é a crescente tendência ao "recrutamento endógeno" ocorrida até meados da década de 1980.

A "família militar" reforçada pelo "recrutamento endógeno" potencializa um sentimento de pertença ao EB, como Instituição e como extensão familiar, solidificando o espírito de corpo para além dos muros dos quartéis. Esse componente psicossocial atuando em sinergia com disfuncionalidades comunicativas de alguns códigos binários castrenses podem influenciar no estabelecimento de seu programa sistêmico, reverberando na abordagem jurídica e hermenêutica que o EB dá ao tema denúncia, influenciando em sua efetividade.

Em um ambiente de crescente complexidade (hipercomplexidade) o Sistema Militar baseia-se em seus próprios códigos binários estabelecendo sua autorreferência e seus critérios de auto-observação com vistas à reprodução de seus elementos por seus próprios elementos com o estabelecimento de seus programas sistêmicos[71].

O Sistema Militar não atua em um solipsismo sistêmico e ao analisar a "família militar" reforçada pelo "recrutamento endógeno" por um ângulo no qual o pesquisador-nativo do Sistema Militar se transporta para o Sistema Jurídico e observa seu Sistema-Nativo por onde ele, por si só, não tem capacidade de auto-observação, busca-se a abertura cognitiva e adaptações do Sistema Militar, promovendo novas formas de operações e de modos de vivência[72].

[71] Contextualização para o Sistema Militar realizada pelo autor com a base de compreensão sistêmica do Professor Doutor Ulisses Schwarz Viana. *In*: VIANA, Ulisses Schwarz. O confronto da jurisdição constitucional com seus limites autopoiéticos: o problema do ativismo judicial alopoiético na Teoria dos Sistemas. *In*: Direito Público: **Revista Jurídica da Advocacia-Geral do Estado de Minas Gerias**, v.15, n. 1, jan./dez. 2018. Disponível em: https://www.academia.edu/40374907/O_CONFRONTO_DA_JURISDI%C3%87%C3%83O_CONSTITUCIONAL_COM_SEUS_LIMITES_AUTOPOI%C3%89TICOS_O_PROBLEMA_DO_ATIVISMO_JUDICIAL_ALOPOI%C3%89TICO_NA_TEORIA_DOS_SISTEMA. Acesso em: 15 jun. 2022.

[72] Como exemplo de "modo de vivência" pela **autopoiése** normativa do Sistema Político, refletindo no Sistema Militar por meio de acoplamento estrutural, temos o aumento do período de licença paternidade de 5 para 20 dias. Inicialmente, a Lei de Proteção à Primeira Infância, de 8 de março de 2016, introduziu a licença paternidade de 20 dias para a iniciativa privada e para os servidores públicos (civis). Somente em 24 de setembro de 2018 houve alteração legislativa estendendo o período de licença paternidade de 5 para 20 dias para os militares.

1.2 A cosmologia militar: a visão dual de amigo e inimigo

Nos grupos humanos é comum a busca do etnocentrismo[73] para o estabelecimento das relações entre os sistemas sociais. Entretanto, ao se privilegiar a unidade de consciência, inevitavelmente se exclui a multiplicidade de interações sistêmicas e sua evolução. Há uma necessidade de se olhar para além dos muros dos sistemas sociais.

> Um grupo como os militares possui uma série de particularidades, como mostra a literatura acadêmica disponível: uma visão própria enquanto grupo distinto do restante dos cidadãos, portadores de um conjunto de características inerentes e exclusivas, bem como uma cosmologia.[74]

A cosmologia é o estudo da origem e da composição do universo, entretanto, ao contextualizá-la com a vida castrense, procura-se estabelecer uma metáfora para analisar o ambiente militar formado pelo acoplamento estrutural do Sistema Psíquico com o Biológico, que opera por meio da consciência militar.

Celso Castro tenta compreender o "mundo militar" por meio da construção da identidade militar que opera dualmente na consciência militar e civil, ou seja, ambos os "mundos" militar e civil projetam significado de um e outro. Em uma Instituição repleta de "espíritos" essa interação recíproca é fundamental para compreender a não substancialidade dessa cosmologia:

> [...] 'círculo de giz'? Creio que a leitura de O espírito militar ajuda a responder a tais perguntas, e a compreender esse 'mundo militar'. O livro permanece sendo uma via de acesso à construção da identidade militar, que se dá através da oposição simbólica a um 'mundo civil'; um 'aqui dentro' que se opõe a um 'lá fora'. Nesse sentido é que afirmo que tornar-se militar envolve também, e necessariamente, a invenção do civil[75].

---

[73] O etnocentrismo é a tendência a considerar as normas e valores da própria sociedade ou cultura como critério de avaliação de todas as demais. AURÉLIO, Buarque de Olanda Ferreira. **Mini Aurélio**: o dicionário da língua portuguesa. 7. ed. Rio de Janeiro: Positivo, 2009. p. 383.

[74] SOUZA, Alexandre Colli de. Etnografando militares: obstáculos, limites e desvios como parte construtiva de visões nativas. *In*: CASTRO, Celso; LEIRNER, Piero. **Antropologia dos Militares**: reflexões sobre pesquisa de campo. Rio de Janeiro: FGV, 2009. *E-Book*. Posição 2924.

[75] CASTRO, Celso. **O espírito Militar**: um antropólogo na caserna. 3. ed. rev. e amp. Rio de Janeiro: Zahar, 2021. *E-Book*. Posição 120.

> [...] A construção de uma oposição simbólica militar × civil estrutura e sustenta toda a cosmologia militar, dando origem não só à identidade social do militar, mas também, por oposição e contraste, à do civil — ou, como falam usualmente entre si, do 'paisano'.[76]

Moniz Barreto em Carta à El-Rei de Portugal, em 1893, caracterizava a profissão militar:

> Senhor, umas casas existem, no vosso reino onde homens vivem em comum, comendo do mesmo alimento, dormindo em leitos iguais. De manhã, a um toque de corneta, se levantam para obedecer. De noite, a outro toque de corneta, se deitam obedecendo. Da vontade fizeram renúncia como da vida.
> Seu nome é sacrifício. Por ofício desprezam a morte e o sofrimento físico. Seus pecados mesmo são generosos, facilmente esplêndidos. A beleza de suas ações é tão grande que os poetas não se cansam de a celebrar. Quando eles passam juntos, fazendo barulho, os corações mais cansados sentem estremecer alguma coisa dentro de si. A gente conhece-os por militares...
> Corações mesquinhos lançam-lhes em rosto o pão que comem; como se os cobres do pré pudessem pagar a liberdade e a vida. Publicistas de vista curta acham-nos caros demais, como se alguma coisa houvesse mais cara que a servidão.
> Eles, porém, calados, continuam guardando a Nação do estrangeiro e de si mesma. Pelo preço de sua sujeição, eles compram a liberdade para todos e os defendem da invasão estranha e do jugo das paixões. Se a força das coisas os impede agora de fazer em rigor tudo isto, algum dia o fizeram, algum dia o farão. E, desde hoje, é como se o fizessem.
> Porque, por definição, o homem da guerra é nobre. E quando ele se põe em marcha, à sua esquerda vai coragem, e à sua direita a disciplina[77].

Os militares são formados para a guerra, onde existe a constante dualidade entre o amigo e o inimigo. Todas as ações nos níveis tático, operacional e estratégico levam em conta essa dicotomia, que vai fazendo

[76] CASTRO, Celso. **O espírito Militar**: um antropólogo na caserna. 3. ed. rev. e amp. Rio de Janeiro: Zahar, 2021. *E-Book*. Posição 127.

[77] BRASIL. Ministério da Defesa. Exército Brasileiro. **A Profissão Militar**. Disponível em: http://www.eb.mil.br/amazonlog17/noticias/-/asset_publisher/BsJDxIc4XCbS/content/a-profissao-militar-1. Acesso em: 26 out. 2022.

parte da vida do militar, inevitavelmente. No nível político, os assessoramentos ao poder civil, do qual todas as Forças Armadas são submissas[78], há, também, uma visão dual.

Na programação sistêmica militar, dentre os vários códigos binários próprios de regência, temos o "amigo/ inimigo" que expressa a finalidade bélica desse sistema social. Entretanto, disfuncionalidades comunicativas sistêmicas podem ocorrer por interpretação equivocada do comando binário "amigo/ inimigo", levando a imaginar que críticos do EB ou mesmo legalistas sejam considerados IVO[79]. Os conflitos modernos procuram explorar qualquer vulnerabilidade estatal, principalmente naquelas que operam corações e mentes dos integrantes do Sistema Militar, para fragilizar sua coesão e, consequentemente, diminuir-lhes o poder militar.

O código binário "amigo/ inimigo" é um dos alvos compensadores de serem deturpados nesse contexto. No século XXI, o Brasil e o mundo estão diante de uma nova forma de conflito: o híbrido.[80] Trata-se de uma categoria fundante de base filosófica-sociológica que nos aponta para a multidimensionalidade, mutabilidade dos conceitos, maleabilidade e transformação em seus métodos, cismogênese[81] simétrica, menos militar, amorfa e voltada para a baixa intensidade, com a promoção de conflitos identitários por meio de diferenças históricas, étnicas, religiosas, socioeconômicas e geográficas em países de importância geopolítica, por meio da transição gradual das revoluções coloridas[82] para a guerra não convencional ou assimétrica, a fim de desestabilizar, controlar ou influenciar projetos de infraestrutura multipolares por meio de enfraquecimento do regime, troca do regime ou reorganização do regime. É um modelo de conflito típico do mundo

[78] "Art. 142. As Forças Armadas, constituídas pela Marinha, pelo Exército e pela Aeronáutica, são instituições nacionais permanentes e regulares, organizadas com base na hierarquia e na disciplina, sob a autoridade suprema do Presidente da República, e destinam-se à defesa da Pátria, à garantia dos poderes constitucionais e, por iniciativa de qualquer destes, da lei e da ordem." *In*: BRASIL. **Constituição Federal**. Disponível em: http://www.planalto.gov.br/ccivil_03/constituicao/constituicao.htm. Acesso em: 15 jun. 2022.

[79] Dado captado e registrado no Diário de Pesquisa.

[80] "[...] cheguei à noção de que há uma guerra híbrida operada em várias escalas no Brasil – inclusive no interior das próprias Forças Armadas –, que por fim viabilizou a chegada de Bolsonaro à Presidência, e, com ele, de um grupo de militares que está no núcleo de poder." *In*: LEIRNER, Piero. **O Brasil no espectro de uma Guerra Híbrida**: Militares, operações psicológicas e política em uma perspectiva etnográfica. São Paulo: Alameda, 2020. *E-Book*. Posição 991.

[81] Criação de divisões. No meio militar pode ser entendido como dividir para conquistar ou enfraquecer a coesão para diminuição do poder.

[82] Revoluções coloridas, revoluções de cores ou revoluções de cor é a designação atribuída a uma série de manifestações políticas de oposição que envolveram a derrubada de governos, considerados antiestadunidenses, e a sua substituição por governos pró-ocidentais ou pró-OTAN.

VUCA[83] onde toda luta tem por objetivo maior a busca da legitimidade e o fluxo informacional das comunicações globais desconhecem fronteiras físicas dos Estados-Nações.

Como toda guerra[84], é a continuidade da política por outros meios[85], nesse caso, se utilizando de uma rede sem líderes, pois sua tática envolve a obliteração dos seus reais agentes acionadores, administrando percepções. Usa posts, *false flags*[86], *fake news*, desordem informacional, negacionismo, operações psicológicas, *lawfare*[87], ataques cognitivos ("bombas cognitivas"), ocupação dos espaços de poder, domínio da narrativa, ciberataques, entre outras maneiras dentro da mutabilidade dessa forma de conflito[88].

Posts, *false flags*, *fake news*, desordem informacional, operações psicológicas, *lawfare* e domínio da narrativa são métodos de ataque ao Sistema Militar atuando na vulnerabilidade disfuncional cognitiva de seu código binário "amigo/inimigo", consequentemente, na dimensão psíquica do homem[89].

Para o assunto da pesquisa relacionado à denúncia, esse conceito se torna relevante, pois traz desconfiança no meio militar. Irritações sistêmicas provenientes de comunicações globais ou crítica à Instituição para que ela evolua sistemicamente podem ser entendidas como um ataque, gerando autodefesa por diversos meios, inclusive tachando o pesquisador de um provável IVO[90], com a alcunha de melancia[91] e comunista. Não somente o

---

[83] Acrônimo na língua inglesa que se refere ao mundo com Volatility (volatilidade), Uncertainty (incerteza), Complexity (complexidade) e Ambiguity (ambiguidade).

[84] Há de se fazer uma atualização do termo "guerra", que se caracteriza pela presença de um conflito armado, para perceber que os métodos do conflito híbrido podem ser usados em tempo de "paz", aqui caracterizado pela ausência de um conflito armado.

[85] Frase de Carl Von Clausewitz (1790-1831), militar prussiano especialista em estratégias de batalhas e autor do livro *Da Guerra*.

[86] No meio militar significa inversão de realidade, quando o inimigo carrega a culpa que se projetou nele.

[87] Uso ou manipulação das leis como um instrumento de combate a um oponente, desrespeitando os procedimentos legais e os direitos do indivíduo que se pretende eliminar.

[88] Conceito desenvolvido com base na experiência do pesquisador e na contextualização das obras: LEIRNER, Piero. **O Brasil no espectro de uma Guerra Híbrida**: Militares, operações psicológicas e política em uma perspectiva etnográfica. São Paulo: Alameda, 2020. *E-Book*; e KORYBKO, Andrew. **Guerras híbridas**: das revoluções coloridas aos golpes. São Paulo: Expressão Popular, 2015.

[89] A base teórica deste trabalho traz o homem como ambiente para os sistemas, sendo o acoplamento estrutural do Sistema Psíquico com o Biológico, operando por meio da consciência. Assunto que será aprofundado mais à frente. Entretanto, nesse ponto, interessa ressaltar que na guerra os métodos citados provocam alterações comunicativas nos sistemas tendo em vista atuar diretamente em seu ambiente: o homem.

[90] Em conversas em grupos de mensagens com participantes militares sobre o assunto da pesquisa, recebi reações com uma figura de melancia. Recebi comentário de que a pesquisa era bastante inoportuna para o momento. Recebi a figura de um desenho de um boneco Playmobil escrito: "você é um comunistinha". Demonstrando como tratar do tema denúncia dentro do EB é desafiador e disruptivo.

[91] O uso do termo "melancia" ou mesmo o uso da figura da fruta melancia remete ao militar que é verde e amarelo por fora e vermelho por dentro, fazendo alusão ao espectro ideológico presente em seu interior, como sendo um "comunista".

pesquisador sofreu alusões descabidas e mal-intencionadas, alguns integrantes do Alto Comando do EB também foram tachados com o termo "melancia" e como sendo "comunistas"[92].

Dentro da temática de guerra híbrida, *false flags* nas Forças Armadas consolidaram três ideias na busca de um inimigo interno: que o Partido dos Trabalhadores dividiu o Brasil produzindo a "luta de classes"; aparelhou o Estado para realizar uma "revolução gramsciana[93]"; e se transformou numa organização criminosa que enredou as elites empresariais utilizando os dois meios acima, respectivamente por meio de chantagem e coação: "[...] essas noções nasceram precisamente lá atrás nas palestras do Olavo de Carvalho, e ganharam autonomia porque entre militares funciona assim: 'se me disseram que disseram que disseram, então eu digo'. Assim é a cadeia de comando"[94, 95].

Nas eleições gerais ocorridas no Brasil em outubro do ano de 2022, a derrota do presidente em exercício provocou insatisfação de parte da sociedade, que se utilizou de mecanismos da guerra híbrida para tentar impor sua vontade não democrática e acabou dominando um espectro da narrativa, trazendo as Forças Armadas para o debate político. Esses eventos

---

[92] Tratam-se de montagens com fotos de integrantes do Alto Comando do Exército propagadas em canais de mensagens tentando atingir-lhes a honra pessoal. Para a pesquisa, o dado relevante é que as postagens fazem alusão ao termo "melancia" e que alguns integrantes do Alto Comando seriam comunistas tendo em vista a situação vivida no Brasil após as eleições gerais de 2022, com a vitória da coligação partidária de oposição ao governo. O INFORMEx nº 41 trouxe o seguinte conteúdo de esclarecimento ao público Interno do Exército Brasileiro: "Incumbiu-me o Senhor Comandante do Exército de informar à Força que, nos últimos dias, têm sido observadas postagens em aplicativos de mensagens com alusões mentirosas e mal-intencionadas a respeito de integrantes do Alto Comando do Exército. Tais publicações têm se caracterizado pela maliciosa e criminosa tentativa de atingir a honra pessoal de militares com mais de quarenta anos de serviços prestados ao Brasil, bem como de macular a coesão inabalável do Exército de Caxias. Ao tentarem de forma anônima e covarde disseminar desinformação no seio da Força e da Sociedade, esses grupos ou indivíduos apenas atestam sua falta de ética e de profissionalismo. O Exército Brasileiro permanece coeso e unido, sempre em suas missões constitucionais, tendo na Hierarquia e na Disciplina de seus integrantes o amálgama que o torna respeitado pelo Povo Brasileiro, seu fiador."

[93] O termo "revolução gramsciana" se refere ao pensamento ideológico do filósofo marxista italiano Antonio Sebastiano Francesco Gramsci. Seu marxismo cultural nasceu com a crítica aos métodos insurrecionais violentos utilizados na Revolução Rússia e que para ele não seriam propícios na Europa Ocidental para a implantação do comunismo. Dessa forma, idealizou uma revolução cultural marxista, afirmando que antes de ocupar o Estado por meios funcionais e legais, seria necessário se infiltrar nos órgãos culturais. Com isso, provocaria uma mudança mental, ou seja, do ensino, que naturalmente levaria a uma alteração comportamental na sociedade. Ao modificar a estrutura cultural da sociedade, os valores burgueses seriam subvertidos e substituídos pelos valores comunistas de uma sociedade sem classes e sem donos dos meios de produção.

[94] LEIRNER, Piero. **O Brasil no espectro de uma Guerra Híbrida**: Militares, operações psicológicas e política em uma perspectiva etnográfica. São Paulo: Alameda, 2020. *E-Book*. Posição 513.

[95] O governo Bolsonaro se amparou na tradição anticomunista e contribuiu para a construção do antipetismo sob a fórmula comuno-petista ou perigo vermelho; e, de certa forma, similar à dos anos 1920-1930 e anos 1960. *In*: LEIRNER, Piero. C. **O Brasil no espectro de uma Guerra Híbrida**: Militares, operações psicológicas e política em uma perspectiva etnográfica. São Paulo: Alameda, 2020. *E-Book*. Posição 513.

implicaram retração defensiva das Forças Armadas, em especial do EB, que, inevitavelmente, fizeram com que o planejamento da pesquisa fosse alterado por risco de captação distorcida da realidade[96].

Essa visão dual "amigo/inimigo" acaba por transcender para o nível institucional e psicossocial dos militares, interferindo nas relações castrenses e o meio acadêmico[97]. A Academia possuiu uma visão crítica do mundo pela natureza intrínseca do pesquisador: o questionamento. Ao trazer o questionamento para dentro da Instituição, o fator psicossocial presente na consciência militar acaba por gerar desconfiança e bloqueio, como captado no trecho a seguir:

> Embora seja claro que não é preciso, necessariamente, ter familiaridade com a instituição militar ou ter algum parente militar para possibilitar o acesso, esses fatores, assim como a presença de um intermediário 'amigo do Exército', facilitam a possibilidade de pesquisa e, também, em alguns casos, ajudam a ter acesso a dados que de outra maneira não estariam disponíveis, de acordo com a leitura amigos/inimigos da instituição.[98]

Por esse posicionamento quase que inconsciente do "agir militar" são escassos os estudos etnográficos sobre nossas Forças Armadas. A influência protetiva dos membros da "família militar" acaba por potencializar essa visão dual para além dos muros dos quartéis, projetando-se, mesmo inconscientemente, contra o meio acadêmico:

> A seu pedido, escrevi na hora minha lista de perguntas, excluindo aquelas que imaginei serem mais arriscadas (como as sobre punições, uso de drogas, homossexualismo etc.), a fim de me preservar de eventuais complicações relacionadas ao roteiro original. Aprovado o roteiro, fui então encaminhada a outra sala, onde aguardavam os 10 "voluntários". As conversas foram marcadas por um sentimento de forte desconforto, tanto meu, quanto dos jovens. Eles falavam muito pouco, respondendo de maneira lacônica, e alguns falaram

[96] No projeto de pesquisa havia a previsão de aplicação de um *Survey*. Após os atentados à democracia do dia 8 de janeiro de 2023 contra os três Poderes da República, sucederam-se uma série de questionamentos de atuação do EB nesse contexto. A aplicação do *Survey* neste momento poderia trazer resultados distorcidos da realidade.

[97] Também é possível associar no meio civil. Mais à frente no trabalho, serão abordadas a "vitória cultural" e a ideia do militar ser melhor que o civil enquanto coletividade. Esse fator, em sinergia com uma disfuncionalidade comunicativa do código binário "amigo/inimigo" reforça certo preconceito com a academia civil em comparação com as coisas da caserna e sua academia (em sentido lato, ou seja, suas escolas de nível superior).

[98] SOUZA, Alexandre Colli de. Etnografando militares: obstáculos, limites e desvios como parte construtiva de visões nativas. *In*: CASTRO, Celso; LEIRNER, Piero. **Antropologia dos Militares**: reflexões sobre pesquisa de campo. Rio de Janeiro: FGV, 2009. *E-Book*. Posição 3013.

> tão baixo a ponto de impossibilitar a transcrição. A partir desse episódio, minha impressão sobre a instituição militar era de que se tratava justamente de algo muito próximo ao que o coronel negara que fosse: uma 'caixa-preta'.[99]

Durante os estudos etnográficos de Celso Castro, o pesquisador captou uma preocupação Institucional se ele "falava" mal ou bem do EB, se era "amigo" ou "inimigo" da Força[100]. O EB tem elevada preocupação com sua imagem institucional, tendo um Centro de Comunicação Social com a missão de preservar e fortalecer a sua imagem e reputação, sendo multiplicador do apoio da sociedade à Força Terrestre[101]. Aqui percebemos na programação sistêmica militar outro código binário: dissuasão/persuasão[102]. O EB dentro de sua estratégia militar de dissuasão[103] evita expor possíveis vulnerabilidades, ressaltando sempre aspectos positivos da Instituição, conduta natural de um Sistema voltado para a guerra contra inimigos externos. Sinergicamente a esse código binário, o EB trabalha com o código binário: presença/ausência[104] que opera a mobilidade estratégica e um potencializa o outro.

[99] CHINELLI, Fernanda. Pesquisa e aliança: o trabalho de campo com mulheres de militares. *In*: CASTRO, Celso; LEIRNER, Piero. **Antropologia dos Militares**: reflexões sobre pesquisa de campo. Rio de Janeiro: FGV, 2009. *E-Book*. Posição 1768.

[100] CASTRO, Celso. **O espírito Militar**: um antropólogo na caserna. 3. ed. rev. e amp. Rio de Janeiro: Zahar, 2021. *E-Book*. Posição 219.

[101] BRASIL. Ministério da Defesa. Exército Brasileiro. **Plano de Gestão do Centro de Comunicação Social do Exército**. Disponível em: http://intranet.ccomsex.eb.mil.br/documents/38161/39668/Plano%20de%20Gestao%20do%20CCOMSEx%202022-2023.pdf/c9486186-f341-5c2d-4cc8-4404d522bde8. Acesso em: 26 out. 2022.

[102] Trechos da Diretriz do Comandante do Exército: "[...] o Exército Brasileiro (EB), [...] Deve possuir uma capacidade militar que forneça ao Estado brasileiro as ferramentas dissuasórias necessárias para resguardar seus interesses e seu território, contribuindo para o desenvolvimento nacional nos limites de suas atribuições constitucionais. [...] O fortalecimento do Poder Militar Terrestre constitui-se no grande elemento dissuasório para um país continental como o Brasil. [...] Aprimorar as capacidades de proteção, de pronta resposta e de dissuasão e incorporar novas capacidades, a fim de manter a F Ter em condições de neutralizar eventuais ameaças à soberania nacional, provenientes de diferentes matizes. [...] No mundo que se configura, em que a competição prevalecerá sobre a cooperação, as Forças Armadas representam o pilar da soberania e da liberdade de ação para o Brasil. Nesse contexto, o Exército prosseguirá com as ações que visam aumentar sua operacionalidade, manterá seu estado de prontidão e a sua presença dissuasória, fortalecerá sua coesão, assim como incrementará a sua contribuição para o desenvolvimento tecnológico nacional".

[103] "[...] a estratégia da dissuasão tem por finalidade primordial induzir à desistência, persuadir a não se concretizar uma agressão (óbice), a persuasão tenha mais uma conotação de convencimento, enquanto que a dissuasão encerra a idéia de retaliação. Em outras palavras, pretende-se com essa estratégia evitar que o Estado seja alvo da concretização de uma ameaça, visível ou potencial, caracterizando-se, assim, a melhor forma de defesa de que um país pode dispor, que é estar resguardado de agressões em decorrência de uma contundente capacidade de reação". *In*: LIMA, Renato Nonato de Oliveira. Faces da estratégia da dissuasão. **A Defesa Nacional**. Disponível em: http://www.ebrevistas.eb.mil.br/ADN/article/view/6256/5433. Acesso em: 20 fev. 2023.

[104] Trecho da Diretriz do Comandante do Exército: "[...] Manter e aprimorar a Estratégia da Presença, por meio de uma criteriosa articulação das organizações militares (OM), associada à mobilidade estratégica, de forma a proporcionar a capacidade de a Força se fazer presente, desenvolvendo a mentalidade de Defesa e fortalecendo a integração com a sociedade".

A preocupação com a imagem institucional é zelada por todos os integrantes do EB e exteriorizada de diversas maneiras. Por vezes, passa por um patrulhamento dos comportamentos *interna corporis* e *externa corporis*, potencializado pela visão dual "amigo" ou "inimigo" e temperado pelo protecionismo do código binário dissuasão/persuasão, sendo que, na dúvida, naturalmente a classificação é de inimigo, como podemos observar nos trechos capturados da obra de Celso Castro:

> Mas o general sabe disso?'. O major foi então falar com o subcomandante — que também não sabia exatamente o que eu estava fazendo na Aman — e voltou dizendo que eu deveria especificar quais os dias em que pretendia visitar a Academia, quais as atividades que desejava acompanhar, 'exatamente' de que forma transcorreria a pesquisa etc., para que o comando examinasse e autorizasse ou não, 'ponto por ponto'. Argumentei não poder definir 'exatamente' todos os quesitos por não conhecer o funcionamento e a rotina da Academia, e que os procedimentos de pesquisa só ficariam estabelecidos com a prática. Como forma de sair do impasse, e para alívio do major, pedi para falar com o coronel chefe da Divisão de Ensino, meu conhecido e com quem meu pai havia feito o primeiro contato. Preocupação com a imagem institucional [...] [105]
>
> [...] 'todo o mundo fala mal do Exército'. Pediu ainda que eu tivesse 'cuidado' na conversa com o comandante e tentasse desfazer essa 'imagem negativa'. Em seguida o coronel fez várias perguntas sobre a pesquisa, colocando-se no papel de 'advogado do diabo', e dando algumas sugestões para 'melhorar' minhas respostas[106].

Os militares, por operarem com o código binário dissuasão/persuasão, podem desenvolver um certo preconceito com relação à atividade acadêmica, principalmente àquelas voltadas para as ciências sociais, pois são elas que exploram o universo humano e podem expor vulnerabilidades. A ideia de um aparelhamento do campo científico com ideologias de espectro progressista pode provocar incômodo nos integrantes do EB, que tem uma formação padronizada voltada para o espectro conservador e tradicional. Isso pode contribuir para uma dificuldade de abertura cognitiva para as comunicações transversais de combate à corrupção, pois são provenientes *externa corporis*. Podemos perceber uma resistência e preconceito no trecho seguinte:

---

[105] CASTRO, Celso. **O espírito Militar**: um antropólogo na caserna. 3. ed. rev. e amp. Rio de Janeiro: Zahar, 2021. *E-Book*. Posição 3182.

[106] *Idem*. Posição 3194. Grifos no original.

> [...] o outro lado não gostava muito de ser tratado como 'pesquisado'. Embora também não chegasse a hostilizar a posição, havia um estranho sentimento em relação a 'alguém que cuida de índio querer nos entender'. Estou falando de 1992 e de uma história que se estende até os dias de hoje. Pretendo agora mostrar como certos 'efeitos colaterais' da etnografia revelaram uma percepção sobre como o Exército opera sua vida social, e sobre as modalidades de projeção dessa vida num 'campo ou Sistema da guerra'. Trata-se, sobretudo, da ideia de que o absoluto controle que os militares gostariam de ter sobre o antropólogo acabou por introduzir um 'choque cultural' que produziu um resultado etnográfico inusitado. Toda a série de prescrições que a vida militar estabelece em sua rotina de alguma maneira produziu efeitos de e para a pesquisa, no e do pesquisador.[107]

O assunto denúncia é um tabu dentro do EB, pois ao fazê-la o denunciante expõe à sociedade fragilidades e possíveis erros dos militares na gestão da *res publica*. Este pesquisador, ao tratar do assunto, percebeu certo incômodo e inquietação de integrantes do EB, superiores e subordinados[108]. É uma tendência natural das Instituições mostrarem suas qualidades. No EB, isso faz parte de uma estratégia militar de dissuasão, inclusive, atendendo à dualidade "amigo/inimigo". Podemos perceber como isso foi captado por estudos etnográficos na caserna:

> [...] Se o mecanismo da lógica militar é, por excelência, a dissuasão, é válido pensar que à estratégia de 'esconder-se' em certos pontos corresponde também uma estratégia de 'mostrar-se' em outros, o que faz com que algumas rotinas e discursos militares sejam mais demonstrativos do que outros. Um exemplo é a prática militar de valorizar o 'garbo', a 'pompa' e a sincronia em desfiles. No entanto, a maneira pela qual essas qualidades são apreendidas e vividas dentro do quartel não entra no rol das coisas demonstráveis, como a rigidez dos exercícios e as punições às falhas — por exemplo, obrigar o recruta a fazer flexões ou tratá-lo por 'bisonho'. O fato de Wagner ser um sargento, de termos um amigo em comum e de ele não ser o responsável pela comunicação social de sua unidade permitiu que ele mostrasse o que não seria mostrado numa situação formal da instituição.[109]

---

[107] CASTRO, Celso; LEIRNER, Piero. Por uma antropologia dos militares. *In*: CASTRO, Celso; LEIRNER, Piero. **Antropologia dos Militares**: reflexões sobre pesquisa de campo. Rio de Janeiro: FGV, 2009. *E-Book*. Posição 570. Grifos no original.

[108] Dado captado e registrado no Diário de Pesquisa.

[109] SOUZA, Alexandre Colli de. Etnografando militares: obstáculos, limites e desvios como parte construtiva de visões nativas. *In*: CASTRO, Celso; LEIRNER, Piero. **Antropologia dos Militares**: reflexões sobre pesquisa de campo. Rio de Janeiro: FGV, 2009. *E-Book*. Posição 3230. Grifos no original.

A análise dos achados de pesquisa irá contextualizar a reação ao tema denúncia tentando revelar como o "agir militar" trata do assunto. A despeito do que a legislação determina, há um componente da sua efetivação que perpassa a mente de quem a interpreta e aplica. Neste sentido temos:

> E, mais do que pensar as limitações enquanto 'lacunas' na etnografia, cabe levar em conta que se trata de pensar os militares enquanto um grupo que se constrói fundamentalmente como delineador de limites, de relações esquadrinhadas e formalizadas. Nesse sentido, as negativas, os obstáculos e o que é escondido são tão fundamentais quanto o que é dado a ser visto pelos militares.[110]

Dentro da visão dual "amigo/inimigo" temos a construção folclórica do termo "Inimigo Verde Oliva" (IVO). Ao realizar este trabalho, este pesquisador se deparou com indagações sobre um posicionamento tendente a ser considerado um IVO[111]. Para uma evolução sistêmica no sentido de uma Linha Ética efetiva, a garantia do anonimato é primordial. Em uma Instituição hierarquizada, a exposição de fatos ou dados que podem ser considerados prejudiciais à imagem do EB são vistos como deslealdade, mesmo que tecnicamente não seja verídica essa interpretação.

Quanto mais moderno o militar[112, 113], maior pode ser o seu receio em denunciar se o anonimato não for preservado. Percebemos que quando se garante o anonimato há uma abertura para tratar de certos temas dentro do EB. Fato captado em uma etnografia com sargentos em período de formação, graduação mais moderna para o ingresso na carreira militar:

> [...] todos são sempre voluntários', ou seja, todos estão à disposição do comando superior. Sabendo que as turmas não eram compostas por voluntários, testei a tese de Castro citada acima e perguntei a todas as turmas se eles estavam ali voluntariamente. As respostas eram sempre que sim, voluntariamente eles tinham sido escolhidos pelo desempenho notável. Contudo, logo que foi iniciada a sessão de entrevistas, percebi que o fato de não serem voluntários não afetava o conteúdo das entrevistas. Para os alunos, responder às minhas indagações era como cumprir uma missão qualquer. O fato

---

[110] SOUZA, Alexandre Colli de. Etnografando militares: obstáculos, limites e desvios como parte construtiva de visões nativas. *In*: CASTRO, Celso; LEIRNER, Piero. *Op. Cit.* Posição 3271.

[111] Dado captado e registrado no Diário de Pesquisa.

[112] Ver Postos e Graduações no Exército.

[113] Dado captado e registrado no Diário de Pesquisa.

> de estarem autorizados pelos superiores a responder meus questionamentos e a assinatura do termo de compromisso logo no início das entrevistas, em que eu me comprometia a não revelar nomes, deu aos entrevistados a sensação de que poderiam falar sobre tudo com segurança e sem receio de sofrerem punições.[114]
>
> Entre os estudiosos de assuntos militares é conhecida a relutância das instituições militares em falar e em expor o mundo da caserna aos civis.[115]
>
> Houve ainda um caso em que o sargento foi quem mais falou e incitou os alunos a falar, principalmente a 'denunciar' os problemas da carreira. O anonimato afiançava revelações que muitas vezes beiravam a confissão, pois eram carregadas de pessoalidade, da exposição de emoções, de fraquezas que provavelmente não seriam reveladas a outros, fossem estes colegas de turma ou não.[116]
>
> [...] os militares eram muito desconfiados com os civis, pois em vezes anteriores, ao permitirem o acesso destes às escolas de formação de militares, foram surpreendidos com publicações que, segundo o coronel, não correspondiam à realidade do ambiente e que deturpavam a imagem dos militares.[117]
>
> [...] Já mencionei que a pesquisa foi 'monitorada' pela oficial de ligação, [...][118]

Esse incômodo com os cientistas sociais, que este pesquisador como nativo também percebeu ao ser interpelado sobre uma possível tendência de me enquadrar na figura de um IVO[119], é superado à medida que o preconceito é afastado e a tecnicidade científica é evidenciada. Podemos perceber essa constatação nas seguintes passagens:

> [...] continuava incomodada com a função de 'porta-voz' que aparentemente me havia sido imposta, mas descobri que minha aceitação nesse meio passava muito por esse papel,

---

[114] ATASSIO, Aline Prado. A formação de praças do Exército: experiência de campo na Escola de Sargentos das Armas. *In*: CASTRO, Celso; LEIRNER, Piero. **Antropologia dos Militares**: reflexões sobre pesquisa de campo. Rio de Janeiro: FGV, 2009. *E-Book*. Posição 3496.

[115] *Idem*. Posição 3360.

[116] *Idem*. Posição 3513.

[117] *Idem*. Posição 3432.

[118] *Idem*. Posição 3519.

[119] Dado captado e registrado no Diário de Pesquisa.

> e que minha pesquisa acabou por representar quem e o que eu representava ali: uma tentativa de 'ponte' entre 'o fora' e 'o dentro', isto é, uma amiga do Exército. [...][120]
>
> Nesse ponto, passo pela sensação de que só quando o pesquisador deixa de ser 'novidade', deixa de ser um estranho, é que a pesquisa começa a acontecer 'realmente' (embora seja preciso deixar claro que esta é uma observação provisória, de uma pesquisa que ainda está em andamento). Numa dada situação, alguns militares chegaram mesmo a me dizer 'poxa, você é muito legal, está aqui como um igual' [...].[121]

O fechamento operativo do Sistema Militar, por vezes, descarta oportunidades de autoconhecimento, lastreado por etnografias oriundas de cientistas sociais, que poderiam contribuir para entender o "agir militar" e promover a evolução sistêmica, principalmente no assunto do presente trabalho: a denúncia dentro do EB. A contextualização antropológica promovida por esta pesquisa visa desmistificar o assunto e promover uma nova abertura cognitiva, realizada por um nativo, sustentado por base teórica visando ao afastamento de um possível enquadramento como IVO. Podemos perceber como o Sistema se fecha cognitivamente no trecho a seguir:

> Alguns anos se passaram. Pelo visto saímos, em alguma hora nesse período, da 'geladeira' em que os pesquisadores brasileiros se encontravam há 10 anos. Podemos ir novamente à biblioteca militar, ou refazer todo o percurso de pesquisa. O mais incrível, nessa hora, é que meus alunos, ao indagarem de militares algo sobre mim ou sobre o passado de pesquisas na instituição, se deparam com o vazio — no caso, talvez benéfico — do esquecimento. Hoje, 'ninguém' ouviu falar naquelas etnografias feitas durante a década de 1990, me relatam alunos que lá vão pesquisar. Às vezes, 'um ou outro ouviu falar, mas não sabe bem o que é', me contou uma orientanda. Nada pessoal, hoje tenho certeza de que este é mais um dos "efeitos da cadeia de comando'. Provavelmente, esse é um ciclo que se repetirá algumas vezes. Provavelmente... pois, como me disseram, 'a guerra é o campo da incerteza por excelência.[122]

---

[120] ALBERTINI, Lauriani Porto. O Exército e os outros. *In*: CASTRO, Celso; LEIRNER, Piero. **Antropologia dos Militares**: reflexões sobre pesquisa de campo. Rio de Janeiro: FGV, 2009. *E-Book*. Posição 1579.

[121] *Idem*. Posição 1595. Grifos no original.

[122] LEIRNER, Piero. Etnografia com militares: fórmula, dosagem e posologia. *In*: CASTRO, Celso; LEIRNER, Piero. **Antropologia dos Militares**: reflexões sobre pesquisa de campo. Rio de Janeiro: FGV, 2009. *E-Book*. Posição 868.

"As pessoas que agem igual durante um longo período de tempo tendem a desenvolver hábitos característicos e persistentes de pensamento [...]"[123]. Os militares possuem um "agir militar", uma mentalidade formatada para lidar com os assuntos colocados aos seus cuidados. Sua programação sistêmica utiliza o código binário "amigo/inimigo" como o cerne de sua finalidade bélica. Toda programação está sujeita a disfuncionalidades comunicativas provenientes de interpretação equivocada do comando binário ou mesmo por exploração cismogênica típica dos conflitos modernos[124], transcendendo para um nível institucional e psicossocial dos militares, interferindo nas relações castrenses com o meio civil e acadêmico.

A disfuncionalidade comunicativa oriunda do código binário "amigo/ inimigo" pode provocar uma resistência programática relativa ao tema denúncia dentro do EB, influenciando na efetividade do *compliance* castrense.

Entendendo a particularidade do mecanismo da denúncia dentro do meio castrense, desparadoxizando a autorreferência do Sistema Militar, pretende-se provocar uma nova abertura cognitiva, possibilitando sua evolução sistêmica. Nesse ponto, ao levantar novas "verdades", diferentes das "verdades" que o "Sistema Militar" consegue ver por si mesmo[125], utilizando em sua programação e revelando aos seus integrantes, pretende-se provocar um pensamento disruptivo dentro da consciência militar para uma visão holística dos sistemas sociais e suas interações com o ambiente.

1.3 Instituição totalizante e a reação de forma padronizada

"Instituição totalizante" é um termo usado por cientistas sociais, em especial por Celso Castro[126], para se referir a Sistemas sociais muito particulares, permeado por códigos, símbolos, tradições e métodos para uma uniformização de conduta. Não possui um caráter pejorativo.

---

[123] HUNTINGTON; Samuel. P. **O Soldado e o Estado**: Teoria e política das relações entre civis e militares. Rio de Janeiro: Biblioteca do Exército, 2016. p. 83.

[124] Os conflitos modernos procuram explorar qualquer vulnerabilidade estatal, ainda mais quando a própria programação sistêmica operada pelo código binário "amigo"/"inimigo" já apresenta disfuncionalidade comunicativa. Sua exploração opera corações e mentes dos integrantes do Sistema Militar fragilizando sua coesão e, consequentemente, diminuindo-lhes o poder militar.

[125] Trata-se de achado secundário de pesquisa produzido por meio de uma visão inovadora para o meio acadêmico, onde o pesquisador-nativo do Sistema Militar se transporta para o Sistema Jurídico e observa seu Sistema-Nativo por onde ele, por si só, não tem capacidade de auto-observação.

[126] "[...] prefiro chamar de totalizante, para diferenciar da noção de "instituição total" estudada por Erving Goffman [...]". *In*: CASTRO, Celso. **O espírito Militar**: um antropólogo na caserna. 3. ed. rev. e amp. Rio de Janeiro: Zahar, 2021. *E-Book*. Posição 146.

> Creio que a instituição militar apresenta uma armadilha para o pesquisador por possuir um recorte morfológico extremamente claro: muros, sentinelas, uniformes, regulamentos etc. Sem dúvida a morfologia da instituição não pode ser desprezada pelo pesquisador. Mas este deve fugir à tentação de sobrepor àquele aspecto um inventário dos elementos constituintes da identidade militar — deve procurar perceber não 'o que é', mas 'como é' essa identidade, quais são seus mecanismos simbólicos. Pelo fato de que a socialização militar ocorre em estabelecimentos relativamente autônomos em relação ao mundo exterior, outros autores classificaram as academias militares como instituições totais, entre os quais Jacques van Doorn, José Murilo de Carvalho e Alexandre Barros. [127]

Por vezes, essa totalização se projeta para além dos muros dos quartéis, como podemos constatar no trecho sobre a cidade de Resende no Rio de Janeiro, onde se encontra a AMAN, uma das escolas de ensino bélico militar, formadora dos futuros oficiais combatentes do EB:

> Acredito que, por pertencerem a uma instituição 'totalizante', com traços específicos e exclusivos, esses arquivos impõem ao pesquisador — e o verbo não é casual — um diálogo cotidiano com códigos e símbolos muito particulares, constitutivos da identidade social do militar.[128]

> Essa atenção se deve ao fato de que a cidade de Resende é considerada uma cidade pequena[129] e 'militarizada'. Como uma capitão[130] disse: 'há cadetes por todos os lados', e, em consequência, é preciso não só ser o exemplo para os cadetes, mas mostrar que está sendo o exemplo para os demais militares. Pode-se dizer que há uma 'vigilância' dos oficiais sobre os próprios oficiais tanto no ambiente de trabalho quanto no de lazer. Cabe ressaltar que os cadetes também são vigiados pelos oficiais fora do expediente da academia, pois são advertidos se vistos tendo alguma conduta inadequada.[131]

---

[127] *Idem*. Posição 653. Grifos no original.

[128] SOUZA, Adriana Barreto de. Pesquisando em arquivos Militares. *In*: CASTRO, Celso; LEIRNER, Piero. **Antropologia dos Militares**: reflexões sobre pesquisa de campo. Rio de Janeiro: FGV, 2009. *E-Book*. Posição 3875.

[129] A população da cidade de Resende-RJ chegou a 129.612 pessoas no Censo de 2022, segundo dados do Instituto Brasileiro de Geografia e Estatística (IBGE). Nesse ponto, o adjetivo de cidade "pequena" não é apropriado ao momento atual, entretanto, o termo "militarizada" ainda é pertinente tendo em vista a influência da AMAN na vida local.

[130] Os postos e graduações no EB não sofrem flexão de gênero.

[131] SILVA, Cristina Rodrigues da. Explorando o mundo do quartel. *In*: CASTRO, Celso; LEIRNER, Piero. *Op. Cit.* Posição 2311.

No exemplo da cidade de Resende, a AMAN possui normas de ação para que o Cadete[132] saiba como se portar e se relacionar com os civis nas suas saídas temporárias. Essas recomendações se dão por meio de orientações verbais dos oficiais instrutores ou pelas Normas de Aplicação de Sanções Escolares (NASE)[133] que estabelecem algumas condutas inapropriadas, evitando que o Cadete incorra em uma transgressão disciplinar ao sair para a cidade de Resende. Esse *enforcement* para a forja da tradição, da autoridade e obediência na construção do caráter militar se entende às diversas escolas de formação do EB.

A áurea que permeia uma instituição totalizante dentro do contexto castrense promove a prática de um Código de Ética e de Conduta[134] rígido. Dentro das virtudes que se esperam dos militares está a correção de atitudes devido à necessidade de o militar lidar e liderar homens e mulheres.

A totalização do ambiente militar contribui para o desenvolvimento de uma "reação de forma padronizada" como podemos perceber na captação desse procedimento em estudos etnográficos na caserna:

> A convivência diária com os civis, no início, se constituía num exercício de paciência e de flexibilidade intelectual. Nós, militares, temos todos a mesma estrutura mental, o que nos leva coletivamente a, diante de um impulso qualquer, reagirmos de forma padronizada. Os civis não, cada um vê o problema por um ângulo diverso.[135]
>
> Ao longo da vida militar há também uma grande concentração de interações dentro de um mesmo 'círculo social', evocando uma imagem da sociologia simmeliana.[136]

---

[132] Cadete é o título dado à praça especial em período de formação. Como se trata de título, ao se identificar, essa graduação é colocada à frente do nome militar. Geralmente, o nome militar ou nome de guerra é o sobrenome de família. Situação semelhante se dá com os oficiais generais, por se tratar de título, a identificação do seu posto de oficial general vem à frente do nome. Os demais praças e oficiais do EB colocam sua graduação ou posto ao final do seu nome de guerra. É comum generais da reserva ou reformados continuarem a utilizar a prerrogativa de seu título no meio civil, sendo referenciados, assinando atos e documentos.

[133] BRASIL. Academia Militar das Agulhas Negras. **Normas para aplicação de Sanções Escolares (NASE)**. Resende, 2017.

[134] O Código de Ética e de Conduta não se encontra condensado em um só documento, mas abrange diversos normativos que tratam do tema de maneira direta e indireta.

[135] CASTRO, Celso. **O espírito Militar**: um antropólogo na caserna. 3. ed. rev. e amp. Rio de Janeiro: Zahar, 2021. *E-Book*. Posição 110.

[136] *Idem*. Posição 158.

A sociologia simmeliana[137] evocada pelo cientista social é ponto de crítica da base teórica utilizada neste trabalho, mas Oliveiros Ferreira descreve em uma perspectiva luhmanniana essa reação padronizada ao transcender a interação homem a homem para um sistema corporificado de comunicação verticalizada:

> A noção de honra. [...] A importância da organização talvez possa ser compreendida a partir do que o pensador inglês Bernard Bosanquet diz, em seu livro *Philosophical Theory of the State*, quando trata da distinção entre o Exército e a multidão: Um exército, da mesma maneira que uma multidão, consiste de muitos homens que estão associados, pessoas a pessoas. Influências passam e repassam entre cada um dos homens e aqueles outros com os quais forma nas fileiras, ou com os quais passa seu tempo de lazer. Deve notar-se, aliás, que essas influências são de natureza mais permanente do que aquelas que se observam entre os integrantes de uma multidão, e que elas são necessariamente diferentes por causa daquela conexão de que falaremos a seguir. Isso porque os elos de 'associação' entre homem e homem não são a força determinante nas operações de um exército. O exército é uma máquina, ou uma organização, que está ligada por ideias operacionais corporificadas, por um lado, nos oficiais e, por outro, no hábito de obediência e no treinamento que faz que a ação de cada unidade seja determinada não pelo impulso de seus vizinhos, mas pelas ordens dos seus oficiais. O que o exército faz é determinado pelo plano do General e não por influências que se comunicam de homem para homem, como em uma multidão. [...] O exército é, assim, um Sistema ou grupo organizado, cuja natureza ou a ideia predominante corporificada em sua estrutura determina os movimentos e relações de suas partes ou membros.[138]

[137] Georg Simmel (1858-1918) foi um cientista social alemão que contribuiu com a sociologia em seu estágio inicial de desenvolvimento, formulando paradigmas e teorias sociais inovadoras. No que diz respeito à perspectiva sociológica, Simmel foi o fundador da chamada "sociologia formal" ou "sociologia das formas" e se diferenciou no campo do estudo dos fenômenos sociais em razão de seu interesse pela análise microssociológica, que se refere à investigação da sociedade, mas a partir das ações e reações dos atores sociais em interação. A base teórica deste trabalho, consubstanciada na Teoria Sistêmica de Niklas Luhmann diverge de Simmel, pois este acredita que a entrada em relações sociais sempre desencadeia um processo de determinação de fronteiras, em dissonância de uma sociedade formada por comunicações defendidas por Luhmann. As fronteiras que Simmel estuda não separam o sistema social do seu ambiente. Elas recortam o objeto conforme a diferença: minha esfera de influência/sua esfera de influência; meus direitos/seus direitos; o lado que posso ver/o lado que você pode ver. *In*: LUHMANN, Niklas. **Social systems Stanford**. Stanford University Press, 1995. p. 126.

[138] FERREIRA, Oliveiros Silva. **Vida e morte do partido fardado**. São Paulo: Senac, 2019. *E-Book*. Posição 240. Grifos no original.

As escolas e Organizações Militares (OM) de formação militar são verdadeiras "fábricas" como uma linha de produção para formatação do civil no ritual de militarização, com todos os seus componentes[139]. Seria o que Émile Durkheim chamaria de "estados fortes da consciência coletiva"[140]. Tomemos como vértice para a análise da instituição totalizante a AMAN[141]. É a instituição de ensino superior responsável pela formação dos futuros oficiais combatentes de carreira do EB. Sua história tem início em 1810, com a criação da Academia Real Militar pelo Príncipe Regente D. João, sendo, inicialmente, instalada na Casa do Trem, no Rio de Janeiro, hoje Museu Histórico Nacional. Ao longo dos seus mais de 200 anos de existência, a Academia Militar ocupou seis sedes. A partir de 1812, ela passou pelo Largo de São Francisco, pela Praia Vermelha, por Porto Alegre e pelo Realengo, até que, em 1944, ela chegou à Resende. Em 23 de abril de 1951, recebeu sua atual denominação: Academia Militar das Agulhas Negras. Herdeira dos ensinamentos e da tradição bicentenária da Academia Real Militar, é na AMAN que se inicia a formação do chefe militar, em um curso de cinco anos de duração, tendo o seu primeiro ano na Escola Preparatória de Cadetes do Exército (EsPCEx), na cidade de Campinas-SP. Ao seu final, o concluinte é declarado Aspirante a Oficial e recebe o grau de Bacharel em Ciências Militares, após ter cumprido uma grade curricular que inclui disciplinas ligadas às ciências humanas, exatas, sociais e militares inerentes às diversas especialidades que integram a Linha de Ensino Militar Bélica do Exército (Infantaria, Cavalaria, Artilharia, Engenharia, Intendência, Comunicações e Material Bélico).

A AMAN dedica especial atenção à formação ética e moral dos Cadetes, no intuito de entregar ao Exército oficiais que se destaquem pela integridade, honradez, honestidade, lealdade, senso de justiça, disciplina, patriotismo

---

[139] Dentro desses "componentes" podemos observar uma carga de disciplinas cartesianas (estatística, matemática, física, método etc.) e disciplinas humanas (direito, psicologia, filosofia, ética etc.). As disciplinas cartesianas promovem cartesianismo de pensamento, afastando ponderações, já as disciplinas humanas promovem o pensamento crítico ponderado. Os currículos militares evoluem buscando o equilíbrio do cartesianismo e do criticismo para a formação de seus quadros, de forma a atender aos interesses da Instituição. Há outras disciplinas integradas na formação, em especial à relacionada ao militarismo stricto sensu, entretanto, cito esses dois ramos de disciplinas por terem capacidade de influenciar diretamente no objeto de pesquisa, trazendo reflexos de padronização ou questionamento situacional, como das disciplinas cartesianas e as humanas, respectivamente.

[140] *In*: FERREIRA, Oliveiros Silva. *Op. Cit.* Posição 285. Quanto mais forte a consciência coletiva, maior a intensidade da solidariedade mecânica. A "fabrica" reflete, de certa maneira, no desejo e na vontade do indivíduo como sendo o desejo e a vontade da coletividade do grupo, proporcionando uma maior coesão e harmonia social. Luhmann critica a deficiência da abordagem sociológica clássica, entretanto, a totalização da conduta, que pode refletir em reações padronizadas, pode ser, também explicada por Durkheim.

[141] A escolha da AMAN para análise se deu por ser ela a principal escola de formação do EB e, também, por ser nela que o antropólogo Celso Castro desenvolveu seus estudos etnográficos, que embasam a pesquisa.

e camaradagem[142]. A AMAN fundamenta a formação dos futuros oficiais no integral desenvolvimento da pessoa, atuando nos domínios afetivos, psicomotores e cognitivos, com base no ensino por competências. Merece atenção especial dos Cadetes a aquisição de competências profissionais e o desenvolvimento de sólidos atributos de liderança.

Hoje, o ensino na AMAN é baseado em conceitos metodológicos modernos, buscando o desenvolvimento de competências indispensáveis para os "Líderes da Era do Conhecimento". Com conhecimentos, habilidades e atitudes forjados por valores cívicos e morais e pelas raízes históricas e tradições do EB[143].

A totalização na formação dos oficiais do EB é um *case* de sucesso e, pensando nisso, o Alto Comando pretende replicar esse modelo, culminando no lançamento à pedra fundamental da nova Escola de Sargentos das Armas (ESA[144]) que é o Estabelecimento de Ensino de Nível Superior Tecnólogo do Exército Brasileiro, responsável pela formação e graduação de Sargentos Combatentes de Carreira das Armas (CFGS).

Podemos perceber uma metamorfose na formação totalizante, aproveitada pelo Comando do EB para ser reproduzida na formação das praças de carreira pela passagem etnográfica a seguir:

> [...] a partir de uma etnografia com os cadetes da Academia Militar das Agulhas Negras (Aman), o indivíduo ingressante, desde o primeiro momento dos quatro anos de estadia em regime de internato, é submetido a uma bateria de rituais expiatórios, treinamentos físicos e repetição constante de recursos mnemônicos, cuja função parece ser a inculcação 'naturalizada' ou a 'decoração' de princípios militares. Tais mecanismos parecem ter uma dupla finalidade: estimular uma constante desistência entre os cadetes, de modo que os perseverantes incorporem a noção de que têm uma 'vocação natural' para a vida militar; [...][145, 146]

[142] BRASIL. Ministério da Defesa. Exército Brasileiro. **Academia Militar das Agulhas Negras – Casa de Valores – Berço de Tradições**. Disponível em: http://www.aman.eb.mil.br/historico. Acesso em: 15 nov. 2022.

[143] *Idem.*

[144] Essa Escola irá unificar a formação do graduado de carreira que, atualmente, compreende um curso de dois anos em duas etapas, sendo que o período básico está distribuído em 13 unidades escolares, em diferentes municípios. O segundo ano, que corresponde ao período de qualificação, ocorre em três municípios: na Escola de Sargentos das Armas (ESA), em Três Corações-MG; na Escola de Sargentos de Logística (EsSLog), no Rio de Janeiro-RJ e no Curso de Formação de Sargentos no Centro de Instrução de Aviação do Exército (CFS/CIAvEx), em Taubaté-SP.

[145] CASTRO, Celso; LEIRNER, Piero. **Antropologia dos Militares**: reflexões sobre pesquisa de campo. Rio de Janeiro: FGV, 2009. *E-Book*. Posição 690. Grifos no original.

[146] Dentro do meio castrense, essas características da formação militar são entendidas como "forjar" o militar. Traduz uma formação com rigidez e dificuldade com o intuito de modelar um "agir militar".

A formação do efetivo variável[147] e a manutenção das capacidades do efetivo profissional dentro do EB obedecem ao código binário treinamento/adestramento. Essa codificação, em um primeiro momento, pode parecer sinonímia, mas traz resultados diferentes ao final de cada processo estabelecido pela programação sistêmica castrense.

O "treinamento" está relacionado ao período de instrução individual básica[148] e de qualificação[149] onde se busca a preparação básica do combatente e a qualificação do cabo e do soldado para ocupar os diversos cargos correspondentes às suas frações dentro das OM, de modo individualizado.

O "adestramento[150]" ocorre em uma segunda fase, onde se busca a mecanização dos procedimentos dentro de um grupo, fração ou unidade, atuando coletivamente, "significando um fecundo esforço para a imitação do combate. É a única maneira de profissionalizar os Quadros e de manter viva a Organização Militar"[151].

A neurociência tem entendido que o cérebro humano não consegue realizar duas atividades conscientes ao mesmo tempo, ocorrendo, na realidade, a alternância de atenção entre uma atividade e outra, gerando, inevitavelmente, perdas nesse processo[152]. Entretanto, a partir do momento que se mecaniza ou automotiza uma das atividades, o cérebro humano consegue realizar uma atividade consciente ao mesmo tempo da atividade automatizada. Por exemplo, uma pessoa já treinada para dirigir um veículo consegue prestar atenção melhor no caminho, ouvir música e conversar durante a atividade. Diametralmente oposta é a situação de quem começa a aprender a dirigir e sua atenção está completamente voltada para aquela atividade, em visão de túnel.

---

[147] O efetivo variável contempla todos os militares temporários do EB, podendo ser oficial subalterno ou praça, nessa condição, 3º Sargento, cabo ou soldado. Ver Postos e Graduações no Exército.

[148] BRASIL. Ministério da Defesa. Exército Brasileiro. **Programa Padrão Básico – PPB/2**. Disponível em: http://www.doutrina.decex.eb.mil.br/images/caderno_ci_pp/PP/PPB_2_Prepara_o_do_Combatente_B_sico.pdf. Acesso em: 26 fev. 2023.

[149] BRASIL. Ministério da Defesa. Exército Brasileiro. **Programa Padrão de Qualificação – PPQ/1**. Disponível em: http://www.doutrina.decex.eb.mil.br/images/caderno_ci_pp/PP/PPQ_01_Instru_o_Comum.pdf. Acesso em: 26 fev. 2023.

[150] Adestrar significa apresentar um certo comportamento, atendendo a um certo comando. AURÉLIO, Buarque de Olanda Ferreira. **Mini Aurélio**: o dicionário da língua portuguesa. 7. ed. Rio de Janeiro: Positivo, 2009. p. 94.

[151] Existem diversos Programas Padrão de Adestramento no EB, dependendo da especialidade da OM submetida à sua programação. Como exemplo cito o Programa Padrão de Adestramento das OM de Infantaria de Montanha. BRASIL. Ministério da Defesa. Exército Brasileiro. **Programa Padrão de Adestramento – PPA/Inf 5**. Disponível em: http://www.doutrina.decex.eb.mil.br/images/caderno_ci_pp/PP/PPA_Inf_5_BIMth_13_07_09.pdf. Acesso em: 26 fev. 2023. p. 3.

[152] DESMURGET, Michel. **A fábrica de cretinos digitais**. O perigo das telas para as nossas crianças. São Paulo: Vestígio, 2021. p. 72, 221.

Após essa breve digressão, voltando ao código binário treinamento/adestramento perceberemos, em melhores condições, sua sutil diferença, que consiste na individualidade e na coletividade das programações sistêmicas. Ao treinar o combatente em suas competências básicas, em um segundo momento, torna-se possível mecanizar condutas coletivas, liberando a atenção do cérebro do militar para interagir e raciocinar melhor em busca da decisão a ser tomada frente a um problema.

Possíveis disfuncionalidades comunicativas relacionadas ao código binário treinamento/adestramento podem intensificar uma consciência coletiva de que todos os integrantes do EB compartilham da mesma ética, esvaziando posturas e condutas relacionadas ao tema da denúncia, por entendimento equivocado de que irregularidades não ocorreriam tendo em vista uma "uniformização" ética do militar.

Há um controverso episódio da história francesa sobre "máscara de ferro do prisioneiro sem nome", em que um prisioneiro desconhecido foi mantido nas masmorras da monarquia francesa de 1679 a 1703, com o rosto coberto por uma máscara de ferro, alimentando a crença de que se tratava de irmão gêmeo de Luís XIV:

> Com os quadros da oficialidade brasileira, nada é diferente. Há uma aceitação universal de que os corações e as mentes de todos os que se dispuseram a usar a "máscara de ferro" dividem os mesmos princípios, compartilham da mesma ética. É uma premissa aceita por todos os que estudam as instituições militares. No entanto, tal proposição, que também aceitamos, possuiu uma face de mito político, e nessa condição tem desenvolvimento histórico, periodização nacionalizada e não universal e, como qualquer mito político, uma resistência diferenciada à "existência de tempos fortes e de tempos fracos, de momentos de efervescência e de períodos de remissão[153, 154][...].

A "Instituição Totalizante" programada sistemicamente com base no código binário treinamento/adestramento pode reverberar na "reação de forma padronizada", metaforicamente relacionada à "máscara de ferro", refletindo na abordagem jurídica e hermenêutica que o EB dá ao tema denúncia, influenciando em sua efetividade.

---

153 TREVISAN, Leonardo, N. **Obsessões Patrióticas**: origens e projetos de duas escolas de pensamento político do Exército Brasileiro. Rio de Janeiro: Biblioteca do Exército, 2011. p. 12.

154 O autor faz referência à obra: GIRARDET, Raoul. **Mitos e mitologias políticas**. São Paulo: Companhia das Letras, 1987.

1.4 Vitória cultural: a ideia do militar ser melhor do que o civil enquanto coletividade

A formação militar é rígida e imersiva na cultura sistêmica militar. "Numa academia militar busca-se justamente uma 'vitória cultural', e não criar uma 'tensão persistente': a academia é claramente vista como um local de passagem, um estágio a ser superado".[155] A formação militar visa transformar o civil em um cidadão compromissado com a pátria e não poderia ser diferente, pois ao ingressar no EB, ocorre o juramento à Bandeira Nacional. Durante o período na caserna, os valores morais e cívicos evidenciam seu cumprimento mais incisivo, pois a sociedade almeja que o integrante do EB cumpra o seu dever com integridade, mesmo à custa da própria vida. Esse *enforcement* moral cultuado e desenvolvido dentro e fora dos muros dos quartéis é sensivelmente mais rígido, disciplinador e restritivo do que a vigente no seio da sociedade, voltado a moldar o "agir militar". Nesse cenário de comparação da rigidez *versus* flexibilidade surge o sentimento de superioridade diante do civil, enquanto integrante de uma instituição coletiva que prega valores nobres. Esse padrão de atuar é balizado, ao longo da carreira, por sucessivos compromissos, firmados solenemente a cada etapa ou degrau hierárquico.

A primeira promessa solene proferida por todos ao vestirem pela primeira vez a farda é o "Compromisso à Bandeira" ou "Juramento do Soldado", declamado pelo jovem na posição de sentido, com braço direito estendido e mão espalmada:

> Incorporando-me ao Exército Brasileiro, prometo cumprir rigorosamente as ordens das autoridades a que estiver subordinado, respeitar os superiores hierárquicos, tratar com afeição os irmãos de armas, e com bondade os subordinados, e dedicar-me inteiramente ao serviço da Pátria, cuja Honra, Integridade, e Instituições, defenderei com o sacrifício da própria vida.

Nas escolas de formação de nível tecnólogo (superior), a efetivação dos novos sargentos é balizada pelo juramento respectivo:

> Ao ser promovido à graduação de 3º Sargento, perante a Bandeira do Brasil e pela minha honra, prometo exercer com dignidade e zelo as funções que me couberem, tudo fazendo pela eficiência do Exército Brasileiro, na paz e na guerra.

---

[155] CASTRO, Celso. **O espírito Militar**: um antropólogo na caserna. 3. ed. rev. e amp. Rio de Janeiro: Zahar, 2021. *E-Book*. Posição 680.

O oficial, cuja formação é mais complexa, ao receber o espadim como cadete enaltece-o com as seguintes palavras: "Recebo o sabre de Caxias como o próprio símbolo da honra militar". Já formado, o Aspirante-a-oficial, quando é promovido ao posto de 2º Tenente, ingressando no oficialato[156], profere: "Perante a Bandeira do Brasil e pela minha honra, prometo cumprir os deveres de oficial do Exército Brasileiro e dedicar-me inteiramente ao serviço da Pátria!".

Em uma sociedade na qual os valores morais são colocados à prova e testados ao limite da aceitabilidade, contrapondo-se com o meio militar que cultua esses valores[157], podemos perceber dentro do ambiente militar uma ideia equivocada de superioridade em comparação ao civil:

> Tornar-se militar significa, acima de tudo, deixar de ser civil. Mesmo quando transita pelo assim chamado 'mundo civil', o militar não deixa de ser militar — pode, no máximo, estar vestido à paisana. 'Mundo/meio militar' e 'mundo/meio civil' são o que os antropólogos costumam chamar de 'categorias nativas', estruturantes da visão de mundo dos militares, e não termos descritivos. A relação contrastante e permanentemente reafirmada entre um 'aqui dentro' e um 'lá fora', com a devida percepção de suas diferenças, é o aspecto fundamental do processo de construção social da identidade do militar a que estão submetidos os cadetes da Aman. Os militares se sentem parte de um 'mundo' ou 'meio' militar superior ao 'mundo' ou 'meio' civil, dos 'paisanos': representam-se como mais organizados, mais bem preparados, mais dedicados à coletividade, mais patriotas [...].[158]

Essa postura de superioridade pode influenciar no "agir militar" no trato de denúncias onde são expostas fragilidades em uma Instituição que preza pela legalidade e correção. O "aqui dentro" e o "lá fora" são mundos cujos padrões éticos, de maneira geral, divergem pela rigidez com que são tratados. Há uma inevitável comparação do jovem em formação militar de seus atributos físicos e morais com o jovem do meio civil, que vai ganhando ponderação durante o amadurecimento na carreira, principalmente devido

[156] O Aspirante-a-oficial somente se torna efetivamente um oficial subalterno após sua promoção a 2º Tenente. Ver Postos e Graduações no Exército.

[157] O EB cultua valores e ética militares, mas não está imune de que seus integrantes se desviem do que almeja a Instituição. BRASIL. Ministério da Defesa. Exército Brasileiro. **Vade-Mécum de Cerimonial Militar do Exército**. Valores, Deveres e Ética Militares (VM 10). Disponível em: http://www.sgex.eb.mil.br/index.php/cerimonial/vade-mecum/106-valores-deveres-e-etica-militares. Acesso em: 15 jun. 2022.

[158] CASTRO, Celso. **O espírito Militar**: um antropólogo na caserna. 3. ed. rev. e amp. Rio de Janeiro: Zahar, 2021. *E-Book*. Posição 133.

ao contato com a vida real e com o extrato social que formam as Forças Armadas. No EB condutas erradas, quando descobertas, são punidas[159]. Esse rigor dissuasório, não ocorre "lá fora" da mesma forma, onde certas condutas são relevadas a insignificantes ou mesmo como espertezas da vida, como podemos captar nas passagens etnográficas a seguir:

> Neste último trecho foi esboçada uma comparação entre a amizade 'que a gente forma aqui dentro' e a amizade 'que é formada aí fora'. A comparação entre 'aqui dentro' e 'lá fora' é recorrente no discurso dos cadetes, e serve de fonte para o estabelecimento de distinções entre militares e civis. Uma ideia subjacente a essas comparações é a de que existem atributos morais e físicos que distinguem [...].[160]
>
> Eu acho que tem certas coisas que o militar tem que ter mais firme do que o civil, certas coisas que a carreira exige mais. Como, por exemplo, a cola. A cola em prova, aí fora o pessoal todo [...] é normal. E se eu estivesse estudando aí fora naturalmente eu estaria colando, assim como eu colava antes de entrar pra cá. Aí, quando você tá entrando [na Aman] o pessoal: 'Não, colou é desligado'. Entendeu? Um troço assim... um senso de honestidade que tem que ser levado a sério. A comparação entre o ensino na Academia e o ensino civil introduziu uma série de características diferenciais que se repetem num plano mais amplo entre 'aqui dentro' e 'lá fora'. A entonação da voz, clara e firme; o olhar direcionado para o horizonte, e não para baixo; uma postura correta, e não curvada; uma certa 'densidade' corporal — tônus muscular, relação peso × altura equilibrada; uma noção rígida de higiene corporal — usar os cabelos curtos, o uniforme impecavelmente limpo, fazer a barba todos os dias (mesmo os imberbes); um linguajar próprio. Todos esses atributos físicos e comportamentais marcam uma fronteira entre militares e paisanos que é vigiada com o máximo rigor na Aman, sendo a causa mais frequente de punições disciplinares. [...] 'Uma frase no quadro de avisos do Curso Básico afirma que 'Cadete! Você é o melhor. Faça da Academia a melhor'. A meu ver, todos esses ensinamentos são fundamentais para a construção do espírito militar. A notícia que eles transmitem é clara: os militares são diferentes dos paisanos. E não apenas diferentes, mas também melhores. São melhores — nessa visão — não

[159] O militar recebe um Formulário de Apuração de Transgressão Disciplinar (FATD), em que exerce sua ampla defesa e contraditório. Caso seja confirmada a conduta fora dos padrões esperados, o militar é punido.

[160] *Idem*. Posição 761.

> por características singulares que os militares tenham ou venham a ter individualmente, mas porque eles — enquanto coletividade, corpo — viveriam da maneira correta.[161]

O rigor dissuasório dentro do EB é praticado desde os bancos escolares e nesse ponto faço referência ao termo "forjar" o "agir militar". Na citação anterior percebemos que a conduta de "colar" na prova foi "forjada" para que não ocorra mais, pelo mecanismo da dissuasão existente no EB, mas isso não mudou o inconsciente do Cadete: "E se eu estivesse estudando aí fora naturalmente eu estaria colando, assim como eu colava antes de entrar pra cá". Correlacionando a passagem etnográfica ao tema de pesquisa, podemos inferir que um mecanismo de denúncia efetivo potencializa o efeito dissuasório para uma conduta esperada ou mesmo "forjada", como é construído o "agir militar", imerso no inconsciente cultural.

A defesa da Pátria e a obrigação moral de sacrificar-se em sua defesa fazem, porém, por absurdo ou tolo que pareça, o militar sentir-se diferente do civil[162]. Age em sua consciência refletindo em suas comunicações sistêmicas. A individualidade passa a ser menor em comparação ao coletivo e ao grupo para alcançar um objetivo junto e coeso. Tal fato pode contribuir para que o tema denúncia seja um tabu dentro do EB.

> Continuando na carreira, verá diferenças entre o mundo em que está vivendo e aquele que deixou, a partir do fato de que, lá fora, prevalece a individualidade, e, ali dentro, o grupo. Lentamente, ao longo dos anos que vão do ingresso no colégio ao dia em que recebe a espada de aspirante a oficial, aprende — e disso terá prestado o compromisso — que é seu dever morrer pela Pátria e que o reclamo da individualidade, no sentido em que seus colegas de adolescência interpretam a palavra, deve ser deixado de lado. Nesse duplo processo de socialização, forma-se uma visão do mundo em que entram elementos hauridos na infância e no início da juventude, mas que estão em choque com um, entre outros que aprendeu na escola militar, que será reiterado na vida da caserna: o militar jurou ligar-se à Pátria e por ela morrer; o civil, não.[163]

Essa ideia de superioridade do militar em relação ao civil é historicizada e cíclica. Em diversos momentos da vida nacional o Exército foi equivocadamente evocado pela cultura do tutor do poder civil, que não procede, pois a

---

[161] CASTRO, Celso. **O espírito Militar**: um antropólogo na caserna. 3. ed. rev. e amp. Rio de Janeiro: Zahar, 2021. *E-Book*. Posição 833.

[162] FERREIRA, Oliveiros Silva. **Vida e morte do partido fardado**. São Paulo: Senac, 2019. *E-Book*. Posição 389.

[163] *Idem*. Posição 405.

ele se subordina. Remete a um período passado em que os civis, devido à sua desorganização recorriam ao seu bastião de organização: o Exército de caráter paternal. "Ninguém mais fará cousa alguma porque tudo se deixará ao Exército, que é forte, que é poderoso, que é paternal."[164] Quando o Sistema Civil recorre às Forças Armadas, percebemos uma lembrança em sua programação sistêmica de que isso é possível e já ocorreu anteriormente de forma cíclica e historicizada. O próprio EB possuiu um slogan que reforça a sua força paternal: "Exército Brasileiro: Braço Forte e Mão Amiga"[165], somado a imagem que o civil tem do Sistema Militar como detentor de seriedade e honestidade[166].

Nesse sentido, a busca por um *compliance* efetivo deve fugir da retórica e ser, de fato, almejado para que a imagem institucional do EB seja cada vez mais enaltecida. O canal de denúncia é o depurador desse processo, mesmo que essa superioridade imaginária do militar em relação ao civil seja desmistificada ao se expor possíveis irregularidades cometidas por quem professa conduta irretocável no meio militar. Como qualquer extrato da sociedade, o EB é formado por pessoas bem e mal-intencionadas. Entretanto, por possível disfuncionalidade sistêmica de sua programação, na consciência militar pode surgir a crença de que estão imunes coletivamente de mazelas e impropriedades e que seu Sistema de depuração ética, durante e depois da formação militar, é efetivo, dispensando um tratamento mais engajado sobre o tema denúncia.

1.5 Missão dada é missão cumprida! A questão da lealdade aos homens ou à Instituição

Missão é o elemento impulsionador e o farol de todo o trabalho que conduz à decisão. No meio militar toma proporções elevadas, pois transcende a execução de uma simples tarefa cotidiana, passando a constituir uma programação sistêmica alicerçada no código binário cumprir/não cumprir missão. Durante a formação do "agir militar" o "cumprir a missão" passa a ser um ideal a ser alcançado e reportado ao superior que "pagou" a missão. Existe a necessidade de feedback a quem "pagou" a missão e todo o esforço para cumpri-la é permeado, intencionalmente, de idealismo.

---

[164] FREYRE, Gilberto. **Nação e Exército**. Rio de Janeiro: Biblioteca do Exército, 2019. p. 28.

[165] BRASIL. Ministério da Defesa. **Exército Brasileiro**. Disponível em: http://www.eb.mil.br/web/guest. Acesso em: 15 jun. 2022.

[166] O Sistema Militar possuiu programação que cultua valores e ética militares. Cultuar não significa dizer que não ocorram desvios de conduta. O Sistema Civil, ao observar o Sistema Militar por seus códigos e programas castrenses, espera uma postura de probidade. BRASIL. Ministério da Defesa. Exército Brasileiro. **Vade-Mécum de Cerimonial Militar do Exército. Valores, Deveres e Ética Militares (VM 10)**. *Op. Cit.*

É possível que ocorra disfuncionalidade comunicativa no código binário cumprir/não cumprir missão devido a um idealismo deturpado, produzindo um tipo de "militar cumpridor de missão a todo custo". Nesse caso, podem ocorrer irregularidades administrativas e legais ao elevarem a segurança militar, sobrepujando a segurança jurídica e, é certo que uma potencializa a outra, não havendo segurança militar sem a segurança jurídica. No Sistema Militar pode ocorrer de que tais "militares cumpridores de missão a todo custo" sejam vistos como comprometidos e dispostos a assumir riscos em prol da Instituição[167].

O comandante, chefe ou diretor é a autoridade legal e seus subordinados têm a obrigação de cumprir suas ordens.[168] Dentro dessa seara, o EB é uma instituição toda regulamentada, o que facilita a manutenção da disciplina e da hierarquia, por trazer impessoalidade às relações castrenses.

Dentro da equação homem[169] *versus* missão, no meio militar, somamos a questão da lealdade, prevista em lei[170] e da liderança militar. Erroneamente, o termo liderança é muitas vezes usado pelos civis para se referir à gerência e o termo liderança militar é empregado, inadequadamente, como sinônimo de comando[171] na caserna. Liderança transcende uma posição de gerente/colaboradores ou comandante/subordinado e reúne competências muito mais complexas do que a simples "posição de superior" ocupada. Entende-se como comando (chefia ou direção) o exercício profissional de um cargo

[167] Essa observação "positiva" pode ocorrer tanto por avaliação superior hierárquico *versus* subordinado, como por avaliação subordinado *versus* superior hierárquico. Entretanto, caso essa disfuncionalidade comunicativa venha a ocorrer, há de se questionar a custo de quem e de quanto do erário público; se existe plano de gestão e se é executado; e se O Prg I-EB é efetivo para corrigir essa disfuncionalidade.

[168] No caso de ordens manifestamente ilegais essa obrigação não é observada e pode ser passível de ser denunciada. Pelos normativos castrenses vigentes, a denúncia se limita ao ato de reportar. Tema que será melhor aprofundado nos capítulos 2 e 3. Hipoteticamente, podemos diferenciar uma ordem absurda de uma ordem ilegal com os exemplos a seguir. Uma ordem absurda seria se um comandante determinasse ordem unida armada de espada, em um dia chuvoso, com o uso de poncho (cobertura plástica para proteger da chuva), que iria dificultar os movimentos com a espada. Apesar de ser uma ordem absurda, deve ser cumprida. Uma ordem ilegal seria se um comandante, ordenador de despesas, determinasse ou insinuasse para o favorecimento de determinado licitante em um processo licitatório. Por ser ilegal, não deve ser cumprida e torna passível de ser denunciada. É perceptível que nesse caso, o simples reporte da irregularidade ao comandante não seria efetivo, pois foi o próprio comandante que determinou ou insinuou a conduta ilegal.

[169] O termo "homem" é usado genericamente para designar o sexo masculino e feminino. Nesse ponto, não se insere a visão masculinizada relatada anteriormente.

[170] Art. 31. Os deveres militares emanam de um conjunto de vínculos racionais, bem como morais, que ligam o militar à Pátria e ao seu serviço, e compreendem, essencialmente: [...] III - a probidade e a lealdade em todas as circunstâncias; [...] *In*: BRASIL. Lei n. 6.880, de 9 de dezembro de 1980. Dispõe sobre o Estatuto dos Militares. Disponível em: http://www.planalto.gov.br/ccivil_03/leis/l6880.htm. Acesso em: 15 jun. 2022.

[171] Ação de comando trabalha sinergicamente com a autoridade moral, gerando respeito. Por sua vez, a autoridade moral se alicerça sobre as bases do conhecimento técnico-profissional, do comprometimento e dedicação, da credibilidade nas ações e da experiência adquirida no aprendizado constante da vida.

militar, consubstanciando a autoridade legal desse cargo, a administração e, desejavelmente, a liderança. Portanto, a autoridade legal, a administração e a liderança podem ser consideradas ferramentas para a ação de comandar. Pode-se esboçar a relação entre liderança e comando, caracterizando a liderança como um elemento informal, mas desejável, do comando.[172] A liderança não é uma programação sistêmica castrense, por ser um "conteúdo atitudinal" complexo e, por vezes, inalcançável a determinados indivíduos[173]. Dessa forma, não se pode considerar que estaríamos diante de um código binário líder/não líder e a programação sistêmica castrense a trata como um elemento informal desejável.

Figura 2 – Relação entre autoridade e liderança no cumprimento da missão

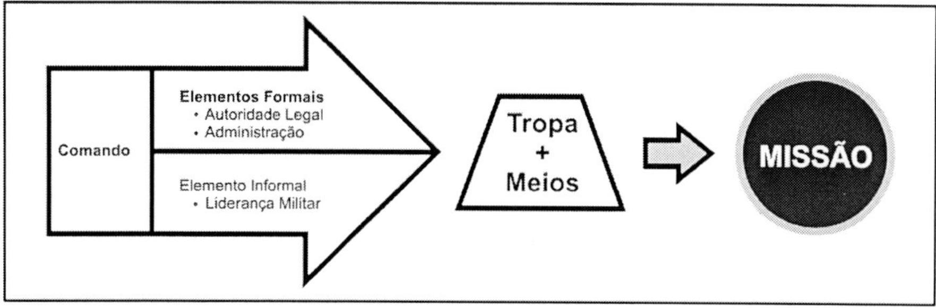

Fonte: Manual de Liderança Militar (C 20-10). Disponível em: https://bdex.eb.mil.br/jspui/bitstream/123456789/302/1/C-20-10.pdf

A liderança é um elemento informal que promove confiança na autoridade militar e, para o objeto de estudo, pode ser um fator catalizador para que o canal de reporte, dentro da Linha Ética do Prg I-EB, seja efetivado.

Por outro lado, na programação sistêmica militar temos o código binário lealdade/deslealdade, onde a lealdade aos superiores é prevista em lei[174]. Possivelmente, disfuncionalidades comunicativas oriundas desse código binário poderiam provocar, equivocadamente, uma interpretação do ato de denúncia como sendo uma atitude desleal[175], rompendo a coesão da tropa, entretanto, a coesão se pratica na legalidade.

---

[172] BRASIL. Ministério da Defesa. Exército Brasileiro. **Liderança Militar (C 20-10)**. *Op. Cit.*

[173] Por pertencer ao campo das percepções de um grupo, há essa possibilidade. Por mais que se trabalhe um ferramental atitudinal adequado à percepção de liderança, essa pode não ser alcançada. No meio militar temos a ação de comando, que supre uma ausência de liderança e todos estão aptos a fazer uso dessa ferramenta.

[174] Art 3º, III. Estatuto dos Militares. *Op. Cit.*

[175] Mais à frente na pesquisa, levanto a questão da antinomia imprópria que pode povoar a consciência do militar ao se deparar com normativos com comandos diversos e conflitantes.

Na figura 2 anterior percebemos que a autoridade legal constitui um elemento formal, onde está inserido o código binário lealdade/deslealdade, mas a liderança é desejável, como elemento informal, justamente por atuar no campo das percepções humanas. É prevista em lei castrense, mas necessita ser percebida por quem participa da relação humana. Na passagem a seguir verificamos a complexidade do "conteúdo atitudinal" "liderança", que, no caso, baseia-se em um militar que desperta confiança, é exemplar ou que possui um olhar mais humano, atuando no campo das percepções e interações humanas[176].

> Para os cadetes, os líderes são aqueles oficiais que despertam confiança. Por um lado 'dão o exemplo', isto é, mantêm uma postura pessoal em consonância com aquilo que exigem de seus subordinados. Por outro lado, são 'mais humanos', preocupam-se com seus subordinados 'enquanto pessoas', e não apenas com a manutenção da obediência devida. Aliás, a obediência hierárquica não é cega. Ela depende de que o superior conheça os limites de sua autoridade, o que leva os cadetes a distinguirem entre os 'bons' e os 'maus' oficiais.[177]

Exercer autoridade sobre militares subordinados e comandar implica lidar com pessoas e percepções. Cada militar possui traços de personalidades distintos e complexos, possui motivações, necessidades, interesses e desejos, os quais vão além de suas atribuições formais e interferem diretamente no modo como será cumprida sua missão. Ao lidar com tais aspectos humanos, o comandante passa a atuar também na esfera informal do relacionamento interpessoal.[178]

O Prg I-EB balizado e normatizado dentro de um canal de reporte fica vulnerável a percepções de liderança para que seja efetivado, pois uma possível disfuncionalidade comunicativa do código binário lealdade/deslealdade pode inibir uma atuação proba do militar que se depara com uma situação ilegal ou irregular e tenha receio de denunciar.

---

176 A liderança pode ser percebida durante as interações humanas, podendo ser temporária ou sustentada. Dependendo de determinadas situações, a figura do líder pode surgir e, ao término daquela, a liderança se finda. Já a liderança sustentada depende de ferramentas atitudinais que podem ser trabalhadas e desenvolvidas pelas pessoas, dando um ferramental maior para que, atuando no campo das percepções do grupo, seja considerado um líder por mais tempo. Quando se trata de liderança é interessante se fazer a pergunta: determinado indivíduo é líder para quem e em que circunstância?

177 CASTRO, Celso. **O espírito Militar**: um antropólogo na caserna. 3. ed. rev. e amp. Rio de Janeiro: Zahar, 2021. *E-Book*. Posição 482.

178 BRASIL. Ministério da Defesa. Exército Brasileiro. **Liderança Militar (C 20-10)**. *Op. Cit.* p. 22.

O ato de denunciar uma irregularidade não está relacionado com falta de lealdade, pois essa é um valor relacionado com atitudes de solidariedade à instituição ou ao grupo a que se pertence e se manifesta pela verdade no falar, pela sinceridade no agir e pela fidelidade no cumprimento do dever e das responsabilidades assumidas, sempre em consonância com a lei. A lealdade aos homens deverá existir em função dos demais valores que eles defendem ou representam e não em função do cargo ou do poder de que estão investidos.[179] No caso de um comandante chefe ou diretor desviar-se do legal, essa dupla via leal é quebrada e a denúncia se torna uma ferramenta importante para depurar o Sistema.

Isso se opera devido à disciplina promovida pela programação sistêmica estabelecida pelo código binário constitucional "disciplina/indisciplina", pilar de qualquer Força Armada que se traduz na capacidade de proceder, de modo consciente e espontâneo, conforme as ordens legais recebidas, as normas e as leis estabelecidas, ou seja, dentro do estado democrático de direito e do império das leis. A disciplina não é contrária à liberdade, é condição indispensável para uma vida social harmoniosa e de base fundamental para garantir o máximo uso dos direitos das pessoas, sem perder de vista os direitos alheios.

Outra programação sistêmica consiste no código binário constitucional hierarquia/anarquia, que atua em consonância com o código binário disciplina/indisciplina. O Regulamento Disciplinar do Exército (RDE)[180] define hierarquia como "a ordenação da autoridade, em níveis diferentes, por postos e graduações[181]." Essa programação se estende para o círculo social do oficial e do praça, com distinção entre eles. Disfuncionalidades comunicativas dentro dessa codificação podem causar receio ou desconfiança de um militar mais moderno reportar uma irregularidade presenciada a um superior hierárquico, deixando vulnerável o controle social endógeno do EB, relacionado ao Prg I-EB.

O ato de denunciar uma irregularidade cometida no meio castrense visa à proteção de direitos alheios, como a proteção do erário, em caso de má gestão administrativa.[182]

> [...] é preciso não esquecer que são a hierarquia e a disciplina que permitem ao general-comandante e, em especial, a cada integrante das Forças, aquilo que Hermann Heller

---

[179] BRASIL. Ministério da Defesa. Exército Brasileiro. **Liderança Militar (C 20-10)**. *Op. Cit.* p. 29.

[180] RDE. *Op. Cit.*

[181] Ver Postos e Graduações no Exército.

[182] BRASIL. Ministério da Defesa. Exército Brasileiro. **Liderança Militar (C 20-10)**. *Op. Cit.* p. 31.

> chama de 'segurança militar' em contraposição ao que os teóricos do Direito chamam de 'segurança jurídica'. Em Direito, quando se fixa uma norma, tem-se apenas a expectativa de que o comando nela contido será obedecido. Nas Forças Armadas, pelo contrário, há a quase-certeza de que as ordens serão obedecidas. Isso porque a hierarquia e a disciplina — que se transformaram num segundo hábito pelo treinamento e são o cimento da estrutura militar — permitem a cada um que entra em ação saber que a obediência às ordens é a condição para que o menor número de vidas seja sacrificado na operação. Estamos tratando de 'tipo ideal' — o que obriga a desconsiderar todos aqueles casos (e são muitos na história militar mundial) em que a obstinação do comandante em seguir um determinado curso de ação é responsável não por salvar vidas, mas por perdê-las[183].

Demonizar o ato de denúncia levando em conta uma suposta "segurança militar" acaba por ferir a "segurança jurídica" em que uma força administradora da violência estatal pode vir a praticar; e ser denunciada por seus próprios integrantes.

O dilema "segurança militar" *versus* "segurança jurídica" não existe. Pelo contrário, um potencializa o outro. O Sistema Militar possui acoplamentos estruturais com os diversos Sistemas Sociais de que destaco o seu acoplamento com o Sistema Político, por meio do texto constitucional; e com o Sistema Jurídico, por meio da Justiça Militar da União.

Outro acoplamento estrutural de extrema relevância é com o Sistema Civil, por meio do Ministério da Defesa. Do ponto de vista estritamente castrense, o aparato militar atua no nível estratégico, operacional e tático; subordinando-se ao Poder Político pelo acoplamento estrutural com esse Sistema, por meio do texto constitucional, especificamente, no Capítulo II do Título V da Constituição da República: "As Forças Armadas, constituídas pela Marinha, pelo Exército e pela Aeronáutica, são instituições nacionais permanentes e regulares, organizadas com base na hierarquia e na disciplina, sob a autoridade suprema do Presidente da República, [...]". O Presidente da República é um civil e escolhe seus agentes políticos dentro de uma programação sistêmica que utiliza o código binário "governo/oposição". O Ministro da Defesa é escolhido dentro dessa programação sistêmica política.

---

183 FERREIRA, Oliveiros Silva. **Vida e morte do partido fardado**. São Paulo: Senac, 2019. *E-Book*. Posição 261.

Um General de Exército[184] de mais alto escalão de comando se encontra no nível estratégico, pois as Forças Armadas são apolíticas e apartidárias[185], de acordo com sua programação sistêmica e sua operação se dá por meio dos códigos binários constitucionais[186] apolítico/político e apartidário/partidário.

Caso algum agente político utilizando-se do código binário "governo/oposição" escolha um integrante do EB para realizar uma função política[187], podem ocorrer disfuncionalidades comunicativas no Sistema Político e, principalmente, no Sistema Militar, por conflituosidade do código binário "governo/oposição" com os códigos binários constitucionais apolítico/político e apartidário/partidário garantidores de instituições nacionais permanentes e regulares, organizadas com base na hierarquia e na disciplina.

Todos esses acoplamentos estruturais com o Sistema Militar trabalham por meio de irritações sistêmicas de alta voltagem e produzem, por vezes, disfuncionalidades comunicativas pela intensidade de interações e significações. Essas significações provenientes de disfuncionalidades comunicativas podem refletir na abordagem do tema denúncia dentro do EB, principalmente quando código binário "governo/oposição" interfere na racionalidade sistêmica dos códigos binários apolítico/ político e apartidário/partidário, potencializada por outra disfuncionalidade oriunda do código binário "amigo/inimigo", já abordada anteriormente.

Na busca de uma formação ideal voltada para o atingimento de atributos atitudinais complexos que, em sinergia, evidenciam liderança, não se concebe a transgressão de princípios e valores, mesmo que sofram com disfuncionalidades comunicativas por conflituosidade de códigos de regência programática:

> [...] A preocupação com o exemplo, na liderança militar, constitui-se num fundamento básico, pois ela deve alicerçar-se em sólidos suportes éticos, que o chefe militar detém a prerrogativa de mandar seus subordinados em direção ao perigo e, eventualmente, ao risco de morte. Segundo Ber-

[184] Ver Postos e Graduações no Exército.

[185] Trecho da Diretriz do Comandante do Exército: "[...] o Exército Brasileiro (EB), Instituição de Estado, apolítica e apartidária, deve estar permanentemente pronto para o cumprimento de suas missões, garantindo a soberania do povo brasileiro, sua segurança e de suas riquezas naturais, sua cultura, seus valores e suas tradições".

[186] As Forças Armadas são instituições nacionais permanentes e regulares. Enquanto nacionais, mesmo que integradas ao Poder Executivo, não servem a governos e sim à nação, garantindo sua pátria. Dessa forma, são apolíticas. Enquanto permanentes, não podem ser dissolvidas e, por isso, não podem estar ligadas a partidos políticos, que possuem natureza volátil.

[187] Como exemplo, podemos citar a função de Ministro de Estado no nível do governo federal.

> nadinho, 'ninguém se torna líder transgredindo princípios e valores. [...] Sempre estimulei a leitura. Como comandante constatei que a condição básica para exercer a liderança político-estratégica repousa-se, sobretudo, na cultura geral.' Nunca houve um grande capitão que não fosse douto e ciente', apregoou Camões.[188]

A lealdade deve se dar na órbita institucional, homens erram pela falibilidade humana e sofrem influência de disfuncionalidades comunicativas. "Gerações vêm e gerações vão, mas a terra permanece sempre."[189] A Instituição EB permanece no tempo e os seus integrantes são passageiros temporários historicizados no contexto social em evolução constante.

Disfuncionalidades comunicativas provenientes da alta voltagem de irritações sistêmicas do Sistema Militar com os demais sistemas da sociedade podem causar e ou intensificar uma antinomia imprópria[190] dentro da consciência militar e causar uma aversão sobre o tema denúncia dentro do EB, podendo interferir na efetivação da Linha Ética do Prg I-EB.

---

[188] CASTRO, Celso. **General Villas Bôas**: conversa com o comandante. Rio de Janeiro: FGV, 2021. p. 35-36.

[189] Eclesiastes 1:4. BíbliaOn. **Bíblia Sagrada on line**. Disponível em: https://www.bibliaon.com/. Acesso em: 1 out. 2022.

[190] Tema que será abordado no Capítulo 3.

2

COMPLIANCE COMO MENTALIDADE

O termo *compliance* origina-se do verbo inglês *to comply*, que significa cumprir, executar, satisfazer, realizar algo imposto. *Compliance* é um conjunto de medidas internas que permite prevenir ou minimizar os riscos de violação às leis decorrentes de atividade praticada por um agente privado ou público.

Na atualidade, há uma reflexão global acerca da transparência e da integridade de agentes públicos e privados, em razão dos inúmeros escândalos de corrupção no Brasil e no mundo e seus nefastos efeitos econômicos e sociais. Surgiu um sentimento na sociedade brasileira de cobrança por transparência e boas práticas tanto do setor privado como do público. Nesse contexto, o *compliance* está cada vez mais presente na realidade das instituições e empresas como uma ferramenta importantíssima para mitigar fraudes e desvios, além de criar um ambiente de busca pela correção, em um movimento virtuoso de combate à corrupção e ao suborno.

Desde a redemocratização do país, passamos pelo período de consolidação da Constituição Federal de 1988 (CF 88) e ingressamos na sua fase de efetivação, dando concretude aos seus comandos[191]. Ordenando a coluna central da CF 88 temos a democracia, o princípio continente do qual todos os outros princípios são conteúdo. O princípio democrático é o balizador de todo o pensamento administrativo estatal brasileiro e sua efetivação garante legitimidade à atuação do gestor público.

Para uma boa administração e boa governabilidade há de se realizar uma interpretação teleológica dos princípios conteúdos insculpidos na CF 88, em especial os elencados no art. 37, como a legalidade, a impessoalidade, a moralidade, a publicidade e a eficiência, que nos remete a uma obrigação da administração pública em procurar a todo custo otimizar sua gestão de

[191] Segundo o ex-ministro do Supremo Tribunal Federal, Dr. Carlos Ayres Britto, em conversa sobre a interconexão da realidade do país com a Carta Maior, a democracia, a repartição dos poderes e a liberdade de expressão, ele afirma que a democracia é um processo. A partir dessa ideia, o autor realizou a interpretação de que, dentro do processo democrático, ingressamos em sua efetivação. Disponível em: https://escola.mpu.mp.br/a-escola/comunicacao/tv-esmpu/a-pandemia-do-coronavirus/constituicao-federal-democracia-e-direito-a-felicidade--carlos-ayres-britto-e-saul-tourinho-leal. Acesso em: 20 jul. 2022.

recursos. O programa de integridade é a solução preventiva essencial. Não interessa quem administra, mas como se administra. O modo de trabalhar é mais importante do que quem está trabalhando com a administração pública. Há a necessidade de uma investigação sistêmica e holística sobre os mecanismos de controle de integridade para que identifiquemos possibilidades de melhoria nessa forma de participação democrática.

A mentalidade pode comandar o pensamento íntegro e probo determinando, de modo convicto, as ações em busca da efetivação de um programa de integridade. Há um desafio comportamental e uma expectativa cognitiva para Administração Pública como um todo, sobretudo em face do nível de maturidade dos programas de integridade no Brasil e do risco de estímulo aos *sham programs.*[192]

O uso da base teórica sistêmica para abordar os elementos de um Programa de Integridade leva em conta o direito como um sistema social, no qual o mais importante são as comunicações produzidas do que, simplesmente, a normatividade. O direito está dentro da sociedade e suas comunicações produzem expectativas normativas/dogmáticas e, também, expectativas cognitivas, diretamente relacionadas com o futuro.

Na sequência, o capítulo abordará expectativas cognitivas geradas pelo paradoxo privado *versus público ao tratar das normas referentes* ao Programa de Integridade de pessoas jurídicas de direito privado, como base comunicacional, produzindo um sentido pragmático-sistêmico para a formulação de Programa de Integridade de pessoas jurídicas de direito p*úblico.*

2.1 Principais elementos de um Programa de Integridade

No contexto de casos emblemáticos de corrupção e má gestão, o legislador brasileiro criou a Lei nº 12.846, de 1º de agosto de 2013, que dispõe sobre a responsabilização administrativa e civil de pessoas jurídicas pela prática de atos contra a administração pública, nacional ou estrangeira[193], e dá outras providências, conhecida como Lei Anticorrupção ou Lei da Empresa Limpa:

---

[192] OLIVEIRA, Gustavo Justino; VENTURINI, Otávio. Programas de integridade na nova Lei de Licitações: parâmetros e desafios. **Consultor Jurídico**. Disponível em: https://www.conjur.com.br/2021-jun-06/publico--pragmatico-programas-integridade-lei-licitacoes. Acesso em: 20 set. 2022.

[193] BRASIL. Lei n. 12.846, de 1º de agosto de 2013. **Lei Anticorrupção**. Disponível em: http://www.planalto.gov.br/ccivil_03/_ato2011-2014/2013/lei/l12846.htm. Acesso em: 15 jun. 2022.

> Além de seguir uma tendência mundial de combate à corrupção, a Lei representa uma mudança significativa no sistema jurídico brasileiro que visa a atender normas internacionais pactuadas pelo Brasil, tais como as convenções no âmbito da OEA e da OCDE.[194]

O Sistema Político ao "atender as normas internacionais pactuadas pelo Brasil" buscou, dentro da seletividade sistêmica, criar normas de combate à corrupção, gerando expectativas normativas que provocaram um paradoxo privado *versus* público.

Para atender às expectativas cognitivas provocadas pelo paradoxo privado *versus* público, em abril de 2018, o Ministério da Transparência e Controladoria-Geral da União (CGU)[195] estabeleceu orientações para que os órgãos e as entidades da administração pública federal direta, autárquica e fundacional adotem procedimentos para a estruturação, a execução e o monitoramento de seus programas de integridade, com o objetivo principal de regulamentar o Decreto nº 9.203, de 22 de novembro de 2017[196]. Destaca-se a obrigatoriedade de que os órgãos federais tenham seus Programas de Integridade.

Para a estruturação, execução e monitoramento, a citada Portaria estabeleceu três Fases: a designação da Unidade de Gestão da Integridade; a elaboração e aprovação do Programa de Integridade do órgão; e sua execução e monitoramento. A CGU também estabeleceu critérios para a mensuração dos programas de integridade[197].

A doutrina prevê o Programa de Integridade com nove pilares[198], sendo que sua vertente mais moderna trata também da diversidade e inclusão como sendo o 10º Pilar de um Programa de Integridade, como uma forma de prestigiar um tema tão importante. Não há *compliance* sem respeito e igualdade.

---

[194] BORGES, Leonardo Estrela. **Lei Anticorrupção define conduta e responsabilização das empresas no trato com o Poder Público**. Disponível em: https://www.amcham.com.br/noticias/juridico/lei-anticorrupcao-define-conduta-e-responsabilizacao-das-empresas-no-trato-com-o-poder-publico-3088.html. Acesso em: 14 nov. 2022.

[195] BRASIL. Ministério da Transparência e Controladoria-Geral da União. Portaria n. 1.089, de 25 de abril de 2018. Disponível em: https://www.in.gov.br/web/guest/materia/-/asset_publisher/Kujrw0TZC2Mb/content/id/11984199/do1-2018-04-26-portaria-n-1-089-de-25-de-abril-de-2018-11984195. Acesso em: 22 ago. 2022.

[196] BRASIL. Decreto n. 9.203, de 22 de novembro de 2017. Disponível em: http://www.planalto.gov.br/ccivil_03/_ato2015-2018/2017/decreto/D9203.htm. Acesso em: 22 ago. 2022.

[197] BRASIL. Ministério da Transparência e Controladoria-Geral da União. Portaria n. 909, de 7 de abril de 2015. Disponível em: https://www.legiscompliance.com.br/legislacao/norma/3. Acesso em: 22 ago. 2022.

[198] A bibliografia consultada para esta pesquisa prevê a adoção de nove pilares. SERPA, Alexandre da Cunha. **Compliance descomplicado**: um guia simples e direto sobre Programas de Compliance. *S.l.*: Createspace Independent Pub, 2016. p. 16.

Figura 3 – Pilares do Programa de Integridade

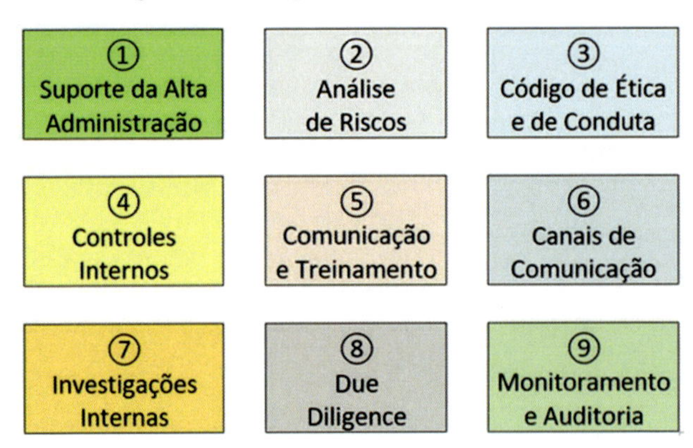

Disponível em: https://www.unochapeco.edu.br/contabeis/blog/a-relevancia-do-programa-de-compliance. Acesso em: 18 ago. 2022

Para abordarmos cada um dos pilares de um programa de integridade é necessário nos apararmos no que prevê o Decreto nº 11.129, de 11 de julho de 2022[199], que regulamenta a Lei Anticorrupção. Didaticamente, será abordado um a um na ordem sugerida pela figura 4 anterior.

O primeiro pilar é representado pelo Suporte da Alta Administração, *"the tone of the top"* ou *"top of down"*, que os incisos I e IX do art. 57 do Decreto nº 11.129, de 11 de julho de 2022 traduzem em comprometimento da alta direção da pessoa jurídica, incluídos os conselhos, evidenciados pelo apoio visível e inequívoco ao programa, bem como pela destinação de recursos adequados. Além disso, alerta para que a instância interna responsável pela aplicação do programa de integridade e pela fiscalização de seu cumprimento tenha independência, estrutura compatível para o seu mister e autoridade para efetivar o *enforcement*.

É um dos principais pilares de um programa de integridade, senão o mais importante. O fator mentalidade é crucial para se distinguir um programa de integridade que se traduz em apenas uma obrigação legal, sem efetividade; e aquele que é necessário para auxiliar a instituição ou empresa a operar de maneira ética, respeitando as leis aplicáveis e, por consequência,

[199] O regulamento da Lei Anticorrupção trata da avaliação dos programas de integridade das pessoas jurídicas de direito privado, quanto a sua existência e aplicação, de acordo com 15 parâmetros. Para esta pesquisa, o autor condensou os 15 parâmetros em 9 pilares e os utilizou, por analogia, para as pessoas jurídicas de direito público como um ideal a ser alcançado (expectativa cognitiva). BRASIL. Decreto n. 11.129, de 11 de julho de 2022. Disponível em: http://www.planalto.gov.br/ccivil_03/_Ato2019-2022/2022/Decreto/D11129.htm#art70. Acesso em: 22 ago. 2022.

mitigando riscos à imagem e ao setor financeiro, tornando-se efetivo[200]. Exemplo e liderança são atributos fundamentais para demonstrar que os gestores, por meio de suas ações e decisões, todos os dias, apoiam e respeitam o programa de integridade que implantaram, ou seja, o suporte da alta administração depende de convicção e ações e não de publicações e palavras.

O segundo pilar é representado pela análise de risco, *risc assessment*, que o inciso V do art. 57 do Decreto nº 11.129, de 11 de julho de 2022 traduz em gestão adequada de riscos, incluindo sua análise e reavaliação periódica, para a realização de adaptações necessárias ao programa de integridade e a alocação eficiente de recursos. Os riscos internos e externos não são estáticos e podem variar de acordo com mudanças que ocorram no ambiente legislativo e regulatório[201]. Não há periodicidade mínima para análise de riscos, mas é interessante que se faça pelo menos a cada dois anos[202] ou a cada alteração nos marcos legislativos e regulatórios que impactem a instituição ou a empresa.

O terceiro pilar é representado pela existência de Código de Ética e de Conduta que os incisos II e XI do art. 57 do Decreto nº 11.129, de 11 de julho de 2022 definem como padrões de conduta e de ética, políticas e procedimentos de integridade, aplicáveis a todos os empregados e administradores, independentemente do cargo ou da função exercida. Além disso, preconiza que as medidas disciplinares em caso de violação do programa de integridade sejam efetivas.

A ética é o que diz respeito à ação quando ela é refletida, pensada. A ética preocupa-se com o certo e com o errado, mas não é um conjunto simples de normas de conduta como a moral, que cuida dos deveres e regras que impomos a nós mesmos, independentemente de qualquer esperança de recompensa ou eventual sanção[203].

A ética é a ciência do comportamento moral dos homens em sociedade e promove um estilo de ação que procura refletir sobre o melhor modo de agir que não abale a vida em sociedade e não desrespeite a individualidade

---

[200] SERPA, Alexandre da Cunha. **Compliance descomplicado**: um guia simples e direto sobre Programas de Compliance. *S.l.*: *Createspace Independent Pub*, 2016.

[201] SCHRAMM, Fernanda Santos. **Compliance nas Contratações Públicas**. Belo Horizonte: Forum, 2019. p. 219.

[202] BRASIL. Ministério da Transparência e Controladoria-Geral da União. **Manual Prático para Avaliação de Programas de Integridade em Processo Administrativo de Responsabilização de Pessoas Jurídicas – PAR.** Disponível em: http://www.cgu.gov.br/Publicacoes/etica-e-integridade/arquivos/manual-pratico-integridade-par.pdf. Acesso em: 1 jul. 2022.

[203] PORFÍRIO, Francisco. Diferença entre ética e moral. **Brasil Escola**. Disponível em: https://brasilescola.uol.com.br/filosofia/diferenca-entre-etica-moral.htm. Acesso em 20 jul. 2022.

dos outros. É o regulador do desenvolvimento histórico-cultural da humanidade e deve ser revisitado periodicamente. Para criar um código de ética é necessário observar os códigos de éticas dos profissionais que integram a instituição ou a empresa para que não tenha divergência ou choque no estilo de ação e com seus normativos[204].

No âmbito federal temos o Código de Conduta da Alta Administração Federal[205] com finalidade de tornar claras as regras éticas de conduta das autoridades da alta Administração Pública Federal, para o melhor controle social; contribuir para o aperfeiçoamento dos padrões éticos da Administração Pública Federal por meio do exemplo; preservar a imagem e a reputação do administrador público; estabelecer regras básicas sobre conflitos de interesses públicos e privados e limitações às atividades profissionais posteriores ao exercício de cargo público; minimizar a possibilidade de conflito entre o interesse privado e o dever funcional das autoridades públicas da Administração Pública Federal; e criar mecanismo de ouvidoria.

O quarto pilar é representado pelos Controles Internos que os incisos VI e VII do art. 57 do Decreto nº 11.129, de 11 de julho de 2022 preconizam manter registros contábeis que reflitam de forma completa e precisa as transações e controles internos que assegurem a pronta elaboração e a confiabilidade de seus relatórios e demonstrações financeiras. O controle interno desse processo deve ser documentado e controlado para uma integridade compromissada, consistente, coerente e contínua.

O quinto pilar é representado pelas Comunicações e Treinamentos que o inciso IV do art. 57 do Decreto nº 11.129, de 11 de julho de 2022 orienta manter treinamentos e ações de comunicação periódicos sobre o programa de integridade para a busca de sua efetividade distanciando-o dos *sham programs*[206] ou programas de prateleira. Não se pratica o que não se conhece. Temos duas vias comunicativas, sendo uma de cima para baixo (*top of down*) e outra de baixo para cima (*bottom-up*) como estratégias de processamento de informação e ordenação do conhecimento, que, inevitavelmente, orientam os rumos dos treinamentos corporativos em busca de um *compliance* efetivo.

---

[204] Interpretação de conceitos realizado pelo autor. *Idem*.

[205] BRASIL. Governo Federal. **Código de Conduta da Alta Administração Federal**. Disponível em: https://www.gov.br/planalto/pt-br/assuntos/etica-publica/legislacao-cep/codigo-de-conduta-da-alta-administracao-federal. Acesso em: 27 set. 2022.

[206] *Idem*.

Para uma boa comunicação, após a instituição ou empresa definir que quer fazer a coisa certa, é interessante que toda a compilação da documentação atinente ao programa de integridade esteja centralizada ou pelo menos referenciada em um documento único para facilitar a aderência ao *compliance*. A pulverização de normativos que tratam de algum dos pilares de um programa de integridade dificultam o processo de efetivação das políticas e procedimentos voltados à sua implantação.

A interação constante com aqueles que fazem acontecer nas instituições ou empresas é o diferencial para a operacionalização de um programa de integridade. Não ocorrerá aderência ao programa sem a execução de treinamentos corporativos. É ilusório crer que todos os integrantes de uma instituição ou empresa terão tempo suficiente para ler, assimilar e aplicar o conteúdo descrito no programa de integridade ou no código de ética. Mesmo que essa situação aconteça em um cenário utópico, não há garantia da aderência aos seus postulados. Além disso, o treinamento corporativo não pode ser confundido como sendo uma palestra, um seminário ou um workshop[207]. É necessário um treinamento com base na andragogia[208].

O sexto pilar é representado pelos Canais de Comunicação, Linha Ética, Canais de Denúncia ou *Whistleblowing* que o inciso X do art. 57 do Decreto nº 11.129, de 11 de julho de 2022 define como canais de denúncia de irregularidades, abertos e amplamente divulgados a funcionários e a terceiros, e mecanismos destinados ao tratamento das denúncias e à proteção de denunciantes de boa-fé. É um dos mais importantes pilares de um *compliance* efetivo, pois representa o *enforcement* dissuasório e repressivo para que os integrantes de uma instituição ou empresa sigam as normas estabelecidas, dando efetividade ao programa de integridade.

O denunciante de boa-fé ou *Whistleblower* deve procurar dar qualidade à denúncia atendendo aos requisitos do acrônimo do idioma inglês 5W2H (*What, Who, Why, Where, When, How, How much*), traduzido: "O quê?"; "Quem?"; "Por quê?"; "Onde?"; "Quando?"; "Como?"; e" Quanto?"[209].

---

[207] CARVALHO, André Castro. Treinamentos Corporativos. *In*: CARVALHO, André Castro *et al*. **Manual de Compliance**. 2. ed. Rio de Janeiro: Forense, 2020. p. 83-84.

[208] Andragogia é a arte ou ciência de orientar adultos a aprender, segundo a definição cunhada na década de 1970 por Malcolm Knowles. A palavra tem origem no grego, onde "*andros*" significa homem e "*gogos*" quer dizer educar. O termo remete para o conceito de educação voltada para o adulto, em contraposição à pedagogia, que se refere à educação de crianças. O aproveitamento do tempo é primordial para o aprendizado adulto.

[209] ALVIN, Tiago Cripa; CARVALHO, André Castro. Funcionamento da Linha Ética. *In*: CARVALHO, André Castro *et al*. **Manual de Compliance**. 2. ed. Rio de Janeiro: Forense, 2020. p. 180-181.

A prática demonstra que o canal de denúncias associado a treinamentos de *compliance* tendem a aumentar o número de denúncias, logo o canal de denúncias é um poderoso aliado na parte de comunicação e treinamento corporativo em *compliance*.[210]

As legislações mais modernas[211] preconizam a dupla função do canal de denúncias como sua viabilização e, paralelamente, a segurança do anonimato a quem o aciona. O recorte desse estudo se aprofunda na efetivação do programa de *compliance* com base na investigação do canal de denúncia preconizado pela Ouvidoria do EB.

O sétimo pilar são as Investigações Internas que levam *enforcement* contra os desvios de conduta que os incisos XI e XII do art. 57 do Decreto nº 11.129, de 11 de julho de 2022 definem medidas disciplinares em caso de violação do programa de integridade e procedimentos que assegurem a pronta interrupção de irregularidades ou infrações detectadas e a tempestiva remediação dos danos gerados.

As investigações procuram esclarecer fatos e devem determinar, de forma concreta e com credibilidade, o que aconteceu, se houve ou não uma conduta imprópria, quais foram as circunstâncias e quem estava envolvido. Devem ser percebidas como uma prática rigorosa, independente e analítica[212].

As instituições e as empresas são formadas por seres humanos que, em devidas condições, podem decidir agir contrariando parâmetros éticos estabelecidos. Toma-se por base o triângulo das fraudes, teoria desenvolvida por Donald Cressey, nos anos de 1953, sobre as causas das fraudes corporativas, que visa identificar os motivos que originam ou incentivam a ocorrência de fraude ou irregularidade, por parte de um ou mais indivíduos. É fundada na coexistência de três dimensões que determinam a conduta humana: a pressão, a oportunidade e a racionalização[213]. Um canal de denúncia efetivo e uma investigação responsável atuam diretamente na racionalização sobre cometer ou não cometer uma irregularidade.

---

210 ALVIN, Tiago Cripa; CARVALHO, André Castro. Funcionamento da Linha Ética. *In*: *Op. Cit.* p. 183.

211 Como exemplo, o Decreto n. 10.153, de 3 de dezembro de 2019, que dispõe sobre as salvaguardas de proteção à identidade dos denunciantes de ilícitos e de irregularidades praticados contra a administração pública federal direta e indireta. Disponível em: http://www.planalto.gov.br/ccivil_03/_ato2019-2022/2019/decreto/D10153.htm. Acesso em: 15 jun. 2022.

212 SERPA, Alexandre da Cunha. **Compliance descomplicado**: um guia simples e direto sobre Programas de Compliance. *S.l.*: Createspace Independent Pub, 2016. p. 81-82.

213 FILHO, Iedo Matuella; MIRANDA, Cláudio de Souza. Percepção do Mercado de Governança, Risco e Compliance dos Pontos do Triângulo da Fraude de Cressey a Partir da Pandemia. **XLVI Encontro da ANPAD - EnANPAD 2022 On-line**. Disponível em: http://anpad.com.br/uploads/articles/120/approved/bd430257087f92e5322919c84dc99f32.pdf. Acesso em: 28 set. 2022.

O oitavo pilar é o *Due Diligence*[214] que os incisos III, VIII, XIII e XIV do art. 57 do Decreto nº 11.129, de 11 de julho de 2022 definem padrões de conduta, código de ética e políticas de integridade estendidas, quando necessário, a terceiros, tais como fornecedores, prestadores de serviço, agentes intermediários e associados. Procedimentos específicos para prevenir fraudes e ilícitos no âmbito de processos licitatórios, na execução de contratos administrativos ou em qualquer interação com o setor público, ainda que intermediada por terceiros, como pagamento de tributos, sujeição a fiscalizações ou obtenção de autorizações, licenças, permissões e certidões. Diligências apropriadas, baseadas em risco, para contratação e, conforme o caso, supervisão de terceiros, tais como fornecedores, prestadores de serviço, agentes intermediários, despachantes, consultores, representantes comerciais e associados. Contratação e, conforme o caso, supervisão de pessoas expostas politicamente, bem como de seus familiares, estreitos colaboradores e pessoas jurídicas de que participem. Realização e supervisão de patrocínios e doações. Verificação, durante os processos de fusões, aquisições e reestruturações societárias, do cometimento de irregularidades ou ilícitos ou da existência de vulnerabilidades nas pessoas jurídicas envolvidas.

O nono pilar é o Monitoramento e a Auditoria do Programa de Integridade que os incisos IX e XV do art. 57 do Decreto nº 11.129, de 11 de julho de 2022 definem como independência, estrutura e autoridade da instância interna responsável pela aplicação do programa de integridade e pela fiscalização de seu cumprimento, além de monitoramento contínuo do programa de integridade visando ao seu aperfeiçoamento na prevenção, na detecção e no combate à ocorrência dos atos lesivos.

A realidade das instituições e empresas é bastante volátil no que diz respeito à interação do ambiente com os seus processos e integrantes. Um programa de integridade tem que ser voltado para a realidade e quaisquer mudanças no ambiente interno ou externo devem ser estudadas para verificar a necessidade de se rever ou não os protocolos para a busca da integridade. Mesmo o ambiente se mantendo estável, é necessário um planejamento de reavaliação formal periódica que será definido de acordo com as peculiaridades das instituições e empresas que implantaram o programa de integridade. É a busca da melhoria contínua, pois a perfeição é utópica.

---

[214] A expressão em inglês *due diligence* é traduzida para o português como diligência apropriada, que consiste em um conjunto de procedimentos de levantamentos e análise de informações de terceiros para proteção institucional ou de empresas nos relacionamentos estabelecidos com esses atores externos.

Além dos nove pilares já abordados e tomados como base para a pesquisa, existe um décimo pilar que está sendo discutido[215] em alguns Programas de Integridade, que trata da questão da diversidade e da inclusão, apesar de não constar expressamente em nenhum dos incisos do art. 57 do Decreto nº 11.129, de 11 de julho de 2022. É um tema muito importante para as instituições e empresas, pois não há *compliance* sem diversidade e igualdade. Apesar de os temas se complementarem, eles trazem ideias diferentes. A diversidade está relacionada às características demográficas do grupo de pessoas analisado. Por sua vez, a inclusão se relaciona com o reconhecimento de que pessoas são diferentes e com a garantia de que todas elas tenham oportunidades iguais com acolhimento e seguras de qualquer tipo de discriminação. Assim, como um programa de integridade pode ser considerado um *sham program*[216] ou programa de prateleira, nesse ponto da diversidade e inclusão, as instituições em empresas devem evitar a prática do *tokenismo*[217].

As comunicações produzidas pelo Sistema do Direito e a programação relativa à integridade estabelecida para pessoas jurídicas de direito privado[218] podem promover expectativas cognitivas nos outros Sistemas. Nesse ponto, os principais elementos de avalia*ção do programa de integridade* desenvolvido para essas pessoas jurídicas são relevantes para balizarem ações normativas dentro Sistema Militar que se abriu cognitivamente, realizou sua seletividade sistêmica e estabeleceu seu Prg I-EB. Novas comunicações podem provocar novas aberturas cognitivas, seleções e fechamentos operativos dentro do Sistema Militar, em especial, no EB.

Os Objetivos de Desenvolvimento Sustentável (ODS) podem ter contribuído para que o Sistema Político, detentor do poder emanado do povo, tenha decidido vinculadamente, internalizando normativos relacionados ao

---

215 Como exemplo temos a PS Soluções, empresa que trabalha com o 10º Pilar em seu Programa de Integridade. Disponível em: https://www.pssolucoes.com.br/o-decimo-pilar-diversidade-e-inclusao/. Acesso em: 8 mar. 2023.

216 *Sham programs* ou programas "para inglês ver" *In*: OLIVEIRA, Gustavo Justino; VENTURINI, Otávio. Programas de integridade na nova Lei de Licitações: parâmetros e desafios. **Consultor Jurídico**. Disponível em: https://www.conjur.com.br/2021-jun-06/publico-pragmatico-programas-integridade-lei-licitacoes. Acesso em: 20 set. 2022.

217 *Tokenismo* é a prática de fazer apenas um esforço superficial ou simbólico para ser inclusivo para membros de minorias, especialmente recrutando um pequeno número de pessoas de grupos subrepresentados para dar a aparência de igualdade racial ou sexual dentro de uma instituição ou empresa. Seu significado provém da palavra inglesa *token*, que significa símbolo em inglês. Está relacionado, também, com o marketing da falsa inclusão, onde são utilizados os *tokens* como porta-vozes de instituições e empresas para transmissão de uma ideia progressista e evitar o julgamento do controle social.

218 Lei Anticorrupção. *Op. Cit.*

combate à corrupção no nosso ordenamento jurídico, que, inevitavelmente, provocarão revisões programáticas nos diversos sistemas sociais por meio da seletividade e racionalidade sistêmica.

Os ODS podem ser considerados uma "espécie" do "gênero" das "irritações sistêmicas", que fazem parte da complexidade da sociedade moderna e continuarão a provocar novas comunicações em um ciclo ininterrupto de abertura cognitiva, seleção e fechamento operativo em todos os sistemas sociais. Far-se-á necessário uma abordagem do ODS relacionado ao combate à corrupção para um melhor entendimento das expectativas cognitivas relacionadas aos programas de integridade e, especificamente, a abordagem sobre a denúncia dentro da linha ética.

2.2 Paz, Justiça e Instituições Eficazes: o Objetivo de Desenvolvimento Sustentável 16.5

Antes da instituição dos ODS serem estatuídos no ano de 2015, a Organização das Nações Unidas (ONU), no ano de 2000, já havia criado uma agenda global com oito objetivos para mudar o mundo, denominado de Objetivos de Desenvolvimento do Milênio (ODM) com as seguintes metas: 1. Erradicar a pobreza extrema e a fome; 2. Atingir o ensino básico fundamental; 3. Promover a igualdade de gênero e autonomia das mulheres; 4. Reduzir a mortalidade infantil; 5. Melhorar a saúde materna; 6. Combater o HIV/Aids, a malária e outras doenças; 7. Garantir a sustentabilidade ambiental; e 8. Estabelecer uma parceria mundial para o desenvolvimento[219].

Os ODM foram oito grandes objetivos globais assumidos por 191 países participantes do evento[220], os quais, atuando em parceria colaborativa, pretendiam fazer com que o mundo progredisse rapidamente rumo à eliminação da extrema pobreza e da fome do planeta, fatores que afetavam especialmente as populações mais pobres dos países menos desenvolvidos.

Com o objetivo de dar continuidade aos exitosos avanços conquistados pelos ODM e com a aproximação do seu vencimento em 2015, em junho de 2012 foi realizada no Rio de Janeiro a Conferência das Nações Unidas sobre Desenvolvimento Sustentável (Rio+20), que gerou o documento "O

[219] WEDY, Gabriel de Jesus Tedesco. Desenvolvimento (sustentável) e a ideia de justiça segundo Amartya Sem. **Revista de Direito Econômico e Socioambiental**, v. 8, n. 3, p. 343-376, 2017.

[220] ROMA, Júlio César. Os objetivos de desenvolvimento do milênio e sua transição para os objetivos de desenvolvimento sustentável. **Ciência e Cultura**, v. 71, n. 1, p. 33-39, 2019.

Futuro que Queremos". Nesse documento, os 193 países-membros da ONU[221] passariam a buscar um novo conjunto de objetivos e metas voltados para o desenvolvimento sustentável para vigorar no período pós-2015.

A renovação e a ampliação dos objetivos e metas pela sustentabilidade global foram condensadas no documento intitulado "Transformando Nosso Mundo: A Agenda 2030 para o Desenvolvimento Sustentável".

A Agenda 2030 para o Desenvolvimento Sustentável corresponde a um conjunto de programas, ações e diretrizes que orientará os trabalhos das Nações Unidas e de seus países-membros rumo ao desenvolvimento sustentável. Propõe 17 ODS e 169 metas correspondentes, fruto do consenso obtido pelos delegados dos Estados-membros da ONU.

Os ODS são o cerne da Agenda 2030 e sua implementação ocorrerá no período 2016-2030[222], não se limitando a mera proposição, mas tratando de meios para sua implementação. O espectro de atuação dos ODS é amplo e dada a limitação do tema proposto, o trabalho ficará limitado ao "ODS 16 Paz, Justiça e Instituições Eficazes", que almeja promover sociedades pacíficas e inclusivas para o desenvolvimento sustentável, proporcionar o acesso à justiça para todos e construir instituições eficazes, responsáveis e inclusivas a todos os níveis. A "Meta 16.5 — Reduzir substancialmente a corrupção e o suborno em todas as suas formas" relacionada diretamente à construção de instituições eficazes, vislumbra a redução substancial da corrupção e do suborno em todas as suas formas.

Nossa Constituição Federal, em seu preâmbulo, já incorpora os objetivos fundamentais da República Federativa do Brasil alinhados em diversos aspectos aos ODS, que viriam a surgir anos mais tarde. O povo, pelo Sistema da Política, representado em Assembleia Nacional Constituinte instituiu nosso Estado Democrático de Direito e colocou como um de seus objetivos assegurar o exercício dos direitos sociais e individuais, a liberdade, a segurança, o bem-estar, o desenvolvimento, a igualdade e a Justiça como valores supremos de uma sociedade fraterna, pluralista e sem preconceitos, fundada na harmonia social e comprometida, na ordem interna e internacional, com a solução pacífica das controvérsias[223].

[221] NATIONS, United. **About Us**. Disponível em: https://www.un.org/en/about-us. Acesso em: 15 jun. 2022.

[222] BRASIL. Ministério das Relações Exteriores. **Agenda 2030 para o Desenvolvimento Sustentável**. Disponível em: https://www.gov.br/mre/pt-br/assuntos/desenvolvimento-sustentavel-e-meio-ambiente/desenvolvimento-sustentavel/agenda-2030-para-o-desenvolvimento-sustentavel. Acesso em: 15 jun. 2022.

[223] Preâmbulo da Constituição Federal de 1988. *In*: BRASIL. **Constituição Federal**. *Op. Cit.*

Podemos observar que o art. 3º da nossa Carta Maior traz como objetivo construir uma sociedade livre, justa e solidária; garantir o desenvolvimento nacional; erradicar a pobreza e a marginalização e reduzir as desigualdades sociais e regionais; promover o bem de todos, sem preconceitos de origem, raça, sexo, cor, idade e quaisquer outras formas de discriminação.

Particularmente, podemos observar nos incisos I e II, art. 3º da Constituição Federal, a construção de uma sociedade justa e da necessidade de buscar o desenvolvimento nacional. Desde a gênese desse pacto social já podemos verificar uma correlação com o recorte do presente estudo no que tange ao "ODS 16 Paz, Justiça e Instituições Eficazes", pois a justiça e o desenvolvimento social estão diretamente ligados ao controle social e ao engajamento de todos para que as ações sejam efetivadas.

As irritações sistêmicas promovidas pelos ODS fizeram com que o Sistema da Política, em continuidade aos comandos constitucionais, internalizasse no ordenamento da sociedade brasileira normativos para atender essas comunicações transversais globais.

Houve o concurso de vontades do Sistema Político[224], por meio dos seus organismos sistêmicos, o Poder Executivo e o Poder Legislativo, construindo um valor consubstanciado no combate à corrupção e instrumentalizado por canais de denúncia e proteção aos denunciantes de boa-fé. Esse valor reflexiona o Sistema da Política, o Sistema do Direito[225]e, consequentemente, todos os sistemas sociais.

A internalização das convenções de combate à corrupção foi construída dentro do Sistema da Política, com o código governo/oposição e por meio da fórmula de contingência denominada de legitimidade. Esse valor deveria ser cumprido. A corrupção corrói e compromete a implementação de todos os ODS na medida em que drena recursos públicos para objetivos escusos, que poderiam ser empregados em favor dos mais vulneráveis. Para o seu combate, a ferramenta da denúncia é essencial!

---

[224] Nos termos do inciso VIII do art. 84 da Constituição Federal é de competência do Presidente da República, atuando como chefe de Estado nas relações internacionais "celebrar tratados, convenções e atos internacionais, sujeitos a referendo do Congresso Nacional". Nessa condição, atua em consonância com o previsto no inciso I do art. 49, onde o Poder Legislativo, por meio do Congresso Nacional, resolveu que a Convenção das Nações Unidas contra a Corrupção, a Convenção Interamericana de Combate a Corrupção e a Convenção sobre o Combate da Corrupção de Funcionários Públicos Estrangeiros em Transações Comerciais Internacionais ingressassem em nosso ordenamento jurídico.

[225] CHAVES, André Santos. **Instituto da repercussão geral como ganho aquisitivo da modernidade em relação ao fechamento operativo e abertura cognitiva do sistema jurídico em relação aos sistemas de política e da saúde**. Disponível em: http://www.repositorio.jesuita.org.br/handle/UNISINOS/5518. Acesso em: 15 jun. 2022.

Ao longo do tempo, o Brasil vem ratificando convenções com fulcro no combate à corrupção, como a Convenção sobre a Corrupção de Funcionários Públicos Estrangeiros em Transações Comerciais Internacionais da OCDE, a Convenção Interamericana Contra a Corrupção da Organização dos Estados Americanos (OEA) e a Convenção da Organização das Nações Unidas (ONU) Contra a Corrupção, comprometendo-se a editar normas e realizar as adaptações legislativas para a plena aplicação de tais acordos.

Nesse contexto de combate à corrupção, utilizando-se fundamentos do *compliance*, foi editada, em 18 de agosto de 2013, a Lei Anticorrupção[226], gerando expectativas cognitivas em diversos sistemas sociais, inclusive no Militar. Em relação aos Programas de Integridade, o paradoxo privado *versus público* serve de base comunicacional para reprogramações sistêmicas. No caso do Prg I-EB, que se encontra na 3ª Fase (Execução e Monitoramento)[227], observar sua execução e realizar um monitoramento desse programa pode ser evidenciado pela iniciativa deste trabalho científico, que busca respostas para a (in)efetividade de um pilar importantíssimo para qualquer Programa de Integridade: a Linha Ética.

2.3 A importância do controle social nas instituições por meio de canais de denúncias

Inicialmente, cabe demarcar o conceito de controle social para os fins propostos no presente estudo como sendo o conjunto dos recursos materiais e simbólicos de que uma sociedade dispõe para assegurar a conformidade do comportamento de seus membros a um conjunto de regras e princípios prescritos e sancionados[228]. Dentre os recursos materiais e simbólicos para esse mister, temos os canais de denúncia e os canais de reporte, depuradores de condutas indevidas, pela possibilidade dissuasória que promovem: "a luz do sol é o melhor desinfetante"[229].

Os canais de denúncias associados a mecanismos de apuração e responsabilização efetivos[230] colaboram para interromper um ciclo vicioso de prejuízos causados pela corrupção e pelas improbidades administrativas ao desenvolvimento sustentável de uma nação. A participação popular no

[226] Lei Anticorrupção. *Op. Cit.*

[227] Será abordado no Capítulo 3, subitem 3.1.

[228] BOURDON. F.; BORRICAUD. F. **Dicionário Crítico de Sociologia**. São Paulo: Ática, 1993.

[229] A citação é atribuída ao juiz Louis Brandeis, como já retratada anteriormente.

[230] É muito importante que o mecanismo de apuração de denúncias e o seu respectivo processo de responsabilização sejam controlados externamente por um órgão independente para evitar corporativismos.

controle social pode evitar a evasão de receitas públicas, a diminuição do crescimento econômico, o enfraquecimento das instituições democráticas, o descrédito nos serviços públicos, o avanço do crime organizado, o agravamento dos problemas sociais, a redução de investimentos públicos e privados, nacionais e internacionais, prejudicando, de maneira geral, a busca pelo desenvolvimento sustentável.

A ferramenta de denúncia apresenta a possibilidade de realizar um registro identificado, tendo seus dados protegidos, conforme a Lei nº 13.460, de 17 de junho de 2017, que dispõe sobre participação, proteção e defesa dos direitos do usuário dos serviços públicos da administração pública[231].

No âmbito federal, como exemplo e paradigma, podem ser feitas manifestações registradas de maneira anônima[232, 233]. Nesse caso, são consideradas "comunicações" e sua tramitação e providências não são acompanhadas pelo denunciante. Caso o cidadão, exercendo o controle social, deseje acompanhar o andamento da sua manifestação e receber uma resposta do órgão ou entidade, esse deve se identificar e realizar o registro estando cadastrado no Sistema[234] de denúncia do governo federal.

Desde o recebimento da denúncia, as unidades do Sistema de Ouvidoria adotarão as medidas necessárias à salvaguarda da identidade do denunciante e à proteção das informações recebidas, nos termos do Decreto nº 10.153, de 2019[235], que dispõe sobre as salvaguardas de proteção à identidade dos denunciantes de ilícitos e de irregularidades praticados contra a administração pública federal direta e indireta.

---

[231] BRASIL. Lei n. 13.460, de 16 de junho de 2017. Disponível em: http://www.planalto.gov.br/ccivil_03/_ato2015-2018/2017/lei/l13460.htm. Acesso em: 15 jun. 2022.

[232] "Segundo precedentes do Supremo Tribunal Federal, nada impede a deflagração da persecução penal pela chamada 'denúncia anônima', desde que esta seja seguida de diligências realizadas para averiguar os fatos nela noticiados." BRASIL. Supremo Tribunal Federal. **Habeas Corpus n. 99.490** - São Paulo - Ministro-Relator Joaquim Barbosa. Disponível em: https://redir.stf.jus.br/paginadorpub/paginador.jsp?docTP=AC&docID=618126. Acesso em: 15 jun. 2022.

[233] "Não há ilegalidade na instauração de processo administrativo com fundamento em denúncia anônima, por conta do poder-dever de autotutela imposto à Administração e, por via de consequência, ao administrador público." (MS 2006/0249998-2; relator: Ministro Paulo Gallotti; 3ª Seção; DJe 5/9/2008). BRASIL. Tribunal de Contas da União. **Referencial de Combate a Fraude e Corrupção - Aplicável a Órgãos e Entidades da Administração Pública**. Disponível em: https://portal.tcu.gov.br/data/files/A0/E0/EA/C7/21A1F6107AD96FE6F18818A8/Referencial_combate_fraude_corrupcao_2_edicao.pdf. Acesso em: 15 jun. 2022.

[234] BRASIL. Controladoria-Geral da União. **Fala.BR - Plataforma Integrada de Ouvidoria e Acesso à Informação**. Disponível em: https://falabr.cgu.gov.br/publico/Manifestacao/SelecionarTipoManifestacao.aspx?ReturnUrl=%2f. Acesso em: 15 jun. 2022.

[235] BRASIL. Decreto n. 10.153, de 3 de dezembro de 2019. Disponível em: http://www.planalto.gov.br/ccivil_03/_ato2019-2022/2019/decreto/D10153.htm. Acesso em: 15 jun. 2022.

O acompanhamento de uma denúncia é o principal elemento a atrair o possível denunciante para a prática de denunciar, de forma que ele tenha sua satisfação ao exercer o controle social por meio de feedback. A ferramenta da "comunicação", que se opera quando é feita uma manifestação anônima, perde força e mitiga a expectativa do cidadão de uma análise efetiva do caso, por ausência de transparência no seu acompanhamento e no resultado da apuração. A falta de feedback pode prejudicar o acoplamento estrutural entre o Sistema Psíquico (pensamento ético e probo) e o do Direito (gerador de expectativas normativas).

O receio do denunciante de sofrer algum tipo de retaliação inibe o ato de denunciar e, por vezes, leva o cidadão ao caminho da manifestação anônima, que tem um limitado efeito satisfativo no controle social.

A Lei Anticorrupção[236] foi editada para preencher a lacuna jurídica em atendimento aos compromissos assumidos pelo Brasil no combate à corrupção[237], sendo uma importante contribuição para a evolução sistêmica, por meio de reprogramações dos sistemas sociais a partir de suas próprias operações.

O controle social por meio de linhas éticas[238] é um dos vetores para que as convenções de combate à corrupção internalizadas no ordenamento brasileiro sejam efetivamente cumpridas, contribuindo para que o Estado exerça sua depuração.

As irritações sistêmicas provocadas pela sociedade mundial[239] "irritaram" o Sistema Político promovendo sua abertura cognitiva e seu fechamento operativo por meio de escolhas normativas anticorrupção, gerando uma base comunicacional para os demais sistemas sociais de modo vinculado.

---

[236] No art. 7º, inciso VIII, a Lei incentiva a implantação de canais de denúncias.

[237] BRASIL. Governo Federal. **Exposição de Motivos Interministerial - EMI/2010/11 - CGU MJ AGU.** Disponível em: http://www.planalto.gov.br/ccivil_03/Projetos/EXPMOTIV/EMI/2010/11%20-%20CGU%20MJ%20AGU.htm. Acesso em: 15 jun. 2022.

[238] Dentro da Linha Ética, o Canal de Denúncia é um dos caminhos para o controle social. A denúncia para ter qualidade na informação deve atender aos requisitos do acrônimo do idioma inglês 5W2H (*What, Who, Why, Where, When, How, Howmuch*), traduzido: "O quê?"; "Quem?"; "Por quê?"; "Onde?"; "Quando?"; "Como?"; e "Quanto?". *In*: CARVALHO, André Castro. *et al.* **Manual de Compliance**. 2. ed. Rio de Janeiro: Forense, 2020.

[239] Segundo a Teoria dos Sistemas inexistem várias sociedades, mas somente uma sociedade global formada por comunicações. Entretanto, optou-se didaticamente em dividir sociedade brasileira da sociedade mundial para tratar das comunicações dos sistemas. Os ODS podem ser considerados como uma base comunicacional transversal global que promove "irritações" nos diversos sistemas. Neste trabalho, correlaciono a "irritação sistêmica" promovida pelo ODS 16.5 no Sistema Político, que decidiu de modo vinculante pela internalização e criação de normas anticorrupção.

Entretanto, o Sistema Militar possuidor de uma dogmática enrijecida e de uma programação sistêmica complexa, por vezes, inviabiliza interpretações[240] que solucionem problemas, satisfazendo suas expectativas de sentido[241].

2.4 A Linha Ética e a proteção do denunciante

Uma linha ética é o canal em que é possível dar um "aviso" aos órgãos competentes para avaliação de outrem sobre algo que pode parecer passível de responsabilização: é o instituto do *whistleblowing*[242] (tradução literal do inglês: assoprar o apito). Já o *whistleblower*[243] ou denunciante de boa-fé[244] tem por objetivo uma ação compelida por sua moral, sua ética, postura altruísta, inconformismo social diante de desvios de condutas.

Porém, quem decide denunciar pode sofrer sérios riscos pessoais, que podem ser por meio de uma ameaça, um tratamento discriminatório, uma perseguição, uma persecução processual, uma retaliação no ambiente de trabalho, uma prisão[245], uma agressão a sua integridade física, entre outras possibilidades.

O princípio da proteção aos denunciantes de boa-fé encontra amparo na integridade e probidade pública e no direito fundamental ao livre fluxo da informação consoante preconiza a Lei de Acesso à Informação[246], que trouxe novos (porém tímidos) contornos à questão[247].

---

240 Em uma abordagem sistêmica, a "interpretação" pode ocorrer por meio da abertura cognitiva e fechamento operativo por meio de escolhas normativas da programação castrense.

241 As expectativas de sentido são promovidas por comunicações globais geradoras de expectativas normativas e cognitivas. A sinergia dessas duas expectativas promove o sentido do sistema social. A Teoria Sistêmica será abordada, no que interessa para este trabalho, no capítulo 3.

242 CARVALHO, André Castro. *et al. Op. Cit.*

243 *Ibid.*

244 A utilização do termo denunciante de boa-fé, como já explicado anteriormente, relaciona-se ao cidadão que denuncia uma irregularidade e que não participou ou participa dela. Entretanto, a Linha Ética é um canal democrático, podendo ser utilizado por cidadãos com desvios éticos, que resolveu denunciar para atender interesses escusos. Como exemplo, em uma disputa licitatória por duas empresas concorrentes ("Empresa A" e "Empresa B") com indícios de superfaturamento de valores e a "Empresa B" sagra-se vencedora. O sócio-proprietário da "Empresa A" inconformado por não ter ganhado a disputa superfaturada, onde iria auferir lucros indevidos, resolve denunciar o processo licitatório que a "Empresa B" ganhou. O sócio-proprietário da "Empresa A" não foi movido por sua moral, sua ética, postura altruísta, inconformismo social diante de desvios de condutas, mas utilizou o canal de denúncia e acabou por proteger o erário.

245 Situação hipotética que pode ocorrer no EB. O RDE tem em seu rol de punições a prisão disciplinar. O assunto será tratado no capítulo 3, especificamente, no subitem 3.4.

246 Lei Anticorrupção. *Op. Cit.*

247 VALLES BENTO, Leonardo. O princípio da proteção ao denunciante: parâmetros internacionais e o direito brasileiro. **Novos Estudos Jurídicos**, *[S.l.]*, v. 20, n. 2, p. 785-809, 2015. Disponível em: https://periodicos.univali.br/index.php/nej/article/view/7891. Acesso em: 10 out. 2022.

Um Sistema adequado de proteção ao denunciante deve possuir canais acessíveis e confiáveis para fazer denúncias; proporcionar ao denunciante imunidade contra toda forma de retaliação no local de trabalho, direta ou velada, tais como medidas disciplinares, demissão ou exoneração, transferência punitiva, redução de remuneração ou de benefícios, restrição de acesso a oportunidades de treinamento ou promoção na carreira, redução de carga de trabalho ou designação para executar tarefas penosas ou de menor status, ou ainda contra qualquer forma de assédio ou tratamento discriminatório, incluindo a ameaça de tais atos[248]. Deve, também, buscar as melhores práticas na matéria que recomendam que se dê um feedback ao denunciante, informando-o das providências adotadas em razão da sua denúncia, bem como do resultado das ditas providências. Além disso, a denúncia deve proporcionar não apenas a responsabilização dos envolvidos nas irregularidades, mas, também, uma discussão mais ampla de medidas saneadoras que identifiquem e corrijam falhas em processos decisórios, a fim de que a ilegalidade denunciada não mais se repita[249].

Atualmente, no âmbito do Poder Executivo Federal, onde o EB se enquadra, desde o recebimento da denúncia, as unidades do Sistema de Ouvidoria adotarão as medidas necessárias à salvaguarda da identidade do denunciante e à proteção das informações recebidas, nos termos do Decreto nº 10.153, de 2019[250].

Essa proteção se dará por meio da adoção de salvaguardas de acesso aos seus dados, que deverão estar restritos aos "agentes públicos com necessidade de conhecer[251]", pelo prazo de 100 anos. A necessidade de conhecer será declarada pelo agente público com competência para executar o processo apuratório, quando for indispensável à análise dos fatos narrados na denúncia[252].

Além disso, a Instrução Normativa nº 19, de 3 de dezembro de 2018[253], desestimula o recebimento de manifestação diretamente pelas áreas envol-

---

248 Transparency International. **International Principles For Whistleblower Legislation Best Practices For Laws To Protect Whistleblowers And Support Whistleblowing In The Public Interest**. n. 6, p. 7. Disponível em: https://images.transparencycdn.org/images/2013_WhistleblowerPrinciples_EN.pdf. Acesso em: 10 out. 2022.

249 *Ibid.*, p. 11.

250 BRASIL. Decreto n. 10.153, de 3 de dezembro de 2019. *Op. Cit.*

251 "Agentes públicos com necessidade de conhecer" são aqueles agentes públicos que tomarão conhecimento dos dados do denunciante por serem indispensáveis ao processo apuratório.

252 BRASIL. Ministério da Transparência e Controladoria-Geral da União. Portaria n. 581, de 9 de março de 2021. Disponível em: https://repositorio.cgu.gov.br/handle/1/65126. Acesso em: 19 set. 2022.

253 Conforme § 1º do art. 1º da Instrução Normativa n. 19, de 3 de dezembro de 2018. BRASIL. Ministério da Transparência e Controladoria-Geral da União. Instrução Normativa n. 19, de 3 de dezembro de 2018. Disponível em: http://www.mestradoprofissional.gov.br/ouvidoria/index.php?option=com_content&view=article&id=1009. Acesso em: 19 set. 2022.

vidas nos processos apuratórios ou pelas áreas gestoras dos serviços ou políticas objeto das manifestações para não colocar em risco a apuração da denúncia e proteger o denunciante de boa-fé, ofertando-lhe um outro caminho diferente do canal de reporte.

Nesse caso, a denúncia será encaminhada ao órgão e esse designará o agente público responsável pela investigação, podendo ser o gestor máximo, mas não havendo obrigatoriedade que ele tenha conhecimento do teor da denúncia dependendo da hipótese em que pode estar envolvido no fato denunciado[254].

Há o instituto da pseudonimização, que consiste no tratamento por meio do qual um dado perde a possibilidade de associação, direta ou indireta, a um indivíduo, senão pelo uso de informação adicional mantida separadamente pela Controladoria-Geral da União, em ambiente controlado e seguro[255].

Como represália à divulgação de dados do denunciante de boa-fé, a Lei nº 8.429, de 2 de junho de 1992[256] estabelece punição a quem divulga informações sigilosas, em especial, a de revelar fato ou circunstância de que tem ciência em razão das atribuições e que deva permanecer em segredo, propiciando beneficiamento por informação privilegiada ou colocando em risco a segurança da sociedade e do Estado[257]. Entretanto, essa vedação não pode ser apanágio para dificultar a transparência de dados. Há de se fazer a devida diferenciação entre o que deve ser divulgado e o que deve ser protegido em virtude de lei, em busca do combate à corrupção, a malversação de recursos públicos e ao atendimento dos compromissos internacionais da nação brasileira.

[254] Conforme art. 17 da Portaria n. 581, de 9 de março de 2021. *Op. Cit.*

[255] Inciso II do art. 3º. BRASIL. Decreto n. 10.153, de 3 de dezembro de 2019. *Op. Cit.*

[256] BRASIL. Lei n. 8.429, de 2 de junho de 1992. Disponível em: http://www.planalto.gov.br/ccivil_03/leis/l8429.htm. Acesso em: 11 out. 2022.

[257] Como possibilidade de enquadramento nessa conduta improba temos um "agente público com necessidade de conhecer", que tomando conhecimento de determinada denúncia em razão de suas atribuições avisa o dirigente máximo do órgão denunciado para que esse tome providências antecipadas para descaracterizar uma possível improbidade ou ilegalidade.

3

A TEORIA SISTÊMICA NA EVOLUÇÃO DO SUBSISTEMA DO DIREITO CASTRENSE

A sociedade é formada por comunicações, e para entendermos a complexidade de suas comunicações segundo a matriz luhmanniana temos que, inicialmente, superar alguns obstáculos epistemológicos: o paradigma de que a sociedade seria constituída por homens, como pessoas concretas, ou de relações entre pessoas; a existência de limites territoriais no âmbito da sociedade, havendo uma multiplicidade territorial de sociedades; o estabelecimento da sociedade pelo consenso dos seres humanos, pela concordância de suas opiniões e pela complementariedade de seus objetivos; e por fim, o pressuposto de que a sociedade poderia ser observada e descrita de fora, permitindo sua descrição objetiva por meio de um sujeito cognoscente posto diante de um objeto do conhecimento, que estaria em uma situação passiva[258].

Quanto ao paradigma de que a sociedade seria constituída por homens como pessoas concretas ou de relações entre pessoas, predominante de uma visão sociológica clássica, temos um confronto com a teoria sistêmica pela abordagem anti-humanista luhmanniana ao preconizar que a sociedade não consiste de pessoas, mas de comunicações. As pessoas pertencem ao ambiente. O homem é o ambiente da sociedade, o que o torna mais complexo, rico em alternativas e possibilidades. Como ambiente, o ser humano está sujeito a viver e atuar em horizonte temporal ilimitado, como produtor de suas próprias ações como máquinas históricas autorreferenciais[259]. Nesse contexto, a sociedade é uma ordem *sui generis* emergente que não pode ser descrita apenas em termos antropológicos. A sociedade é a redução comunicativa possível que separa o indeterminável, presente no ambiente, do que é determinável ou o que é processável da complexidade improcessável. O propósito da comunicação é criar diferenças que possam depois serem incluídas em outras comunicações formando e estabilizando as fronteiras do sistema *versus* ambiente.[260]

[258] GONÇALVES, Guilherme Leite; FILHO, Orlando Villas Boas. **Teoria dos Sistemas Sociais**: direito e sociedade na obra de Niklas Luhmann. São Paulo: Saraiva, 2013.

[259] *Idem.*

[260] BECHMANN, Gotthard; STEHR, Nioc. Niklas Luhmann. **Tempo Social**, *[S. l.]*, v. 13, n. 2, p. 185-200, 2001. Disponível em: https://www.revistas.usp.br/ts/article/view/12368. Acesso em: 16 mar. 2023.

Quanto à existência de limites territoriais no âmbito da sociedade, havendo uma multiplicidade territorial de sociedades, verificamos colisão com a teoria sistêmica tendo em vista que as interdependências globais e a dissolução de restrições temporais e espaciais pelas tecnologias modernas de informação e transporte mitigam uma definição de sociedade territorialmente limitada. Em princípio, qualquer ponto do mundo é acessível à comunicação, apesar de consideráveis obstáculos técnicos, políticos e geográficos. O mundo é um horizonte total de experiências sensoriais promovidas pelas operações comunicativas que ocorrem nele.[261]

Quanto ao estabelecimento da sociedade pelo consenso dos seres humanos, pela concordância de suas opiniões e pela complementariedade de seus objetivos, encontramos divergência na teoria sistêmica pelo paradoxo que ela impõe. Mais do que um jogo de palavras habilidoso, o paradoxo proporciona pontos de entrada no âmago construtivista da teoria societal luhmanniana[262]. A sociedade não é estável e o consenso e a concordância são elementos comunicativos voláteis. Tudo poderia ser diferente a princípio.

Quanto ao pressuposto de que a sociedade poderia ser observada e descrita de fora, permitindo sua descrição objetiva por meio de um sujeito cognoscente posto diante de um objeto do conhecimento, que estaria em uma situação passiva, pela teoria sistêmica luhmanniana, isso não é possível. Tanto a ciência como a sociedade são uma expressão da realidade social. Não há um objeto "sociedade" acessível à observação independente de interesses e ideologias. O ato de cognição sobre algo é sempre ele mesmo um momento na totalidade da cognição, em uma contingência indelével[263]. A sociedade somente é observável dentro dela mesma e pode ser vista como uma unidade de maneira diferente por vários observadores de segunda ordem[264].

Com a superação desses paradigmas, teremos a separação da sociedade como sendo um sistema social, cuja **autopoiése**[265] se opera com base na comunicação e o homem seria um sistema **autopoiético** de acoplamento

[261] *Idem.*

[262] *Idem.*

[263] *Idem.*

[264] Observação de segunda ordem significa localizar um observador no mundo que observa outros e gerar as várias versões do mundo (incluindo o nosso observador). Depende do ângulo de que se observa. Não existe uma observação estática da sociedade, mas uma observação participante.

[265] A origem do conceito advém dos biólogos Maturana e Varela. A palavra deriva do grego *autós* ("por si próprio") e *poíeses* ("criação", "produção"). Significa que o sistema é construído pelos próprios componentes que o constrói. *In*: MATURANA, Humberto Romesín.; VARELA, Francisco Javier. ***Autopoiesis and Cognition***: The Realization of the Living. Londres: Springer Science & Business Media, 1991. Disponível em: https://monoskop.org/images/3/35/Maturana_Humberto_Varela_Francisco_Autopoiesis_and_Congition_The_Realization_of_the_Living.pdf. Acesso em: 18 maio 2022.

estrutural psíquico e biológico, que opera por meio da consciência[266]. Nesse sentido, a sociedade e o homem tornar-se-iam ambientes um para o outro. O ambiente provoca comunicação que abre cognitivamente os sistemas, que, por sua vez, fecham-se operativamente, tentando evoluir por meio de seu próprio código binário.

Figura 4 – Retrato dos Sistemas Sociais por meio das comunicações e o homem sendo seu ambiente

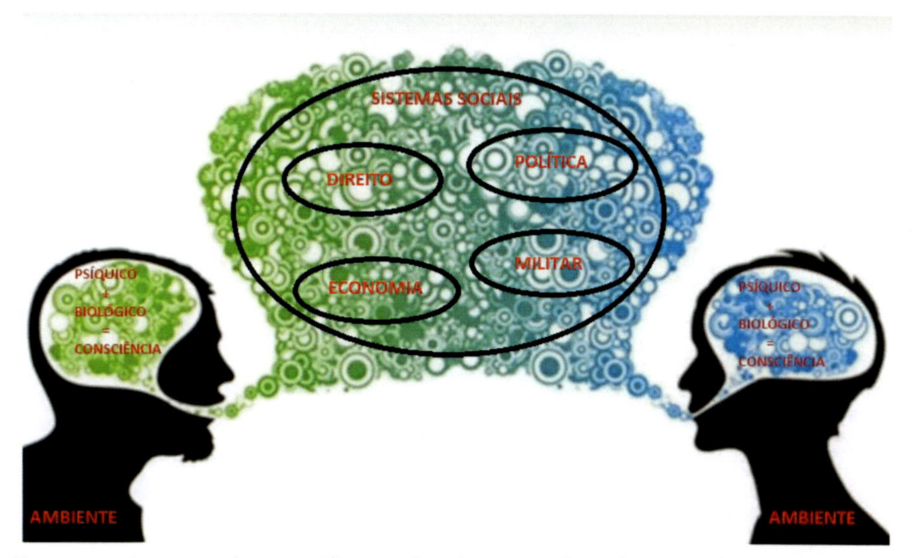

Fonte: arquivo pessoal com estilização dos sistemas e do ambiente realizados pelo autor para retratar os assuntos em discussão neste trabalho

[266] "A consciência é como se fosse uma pequena ilha cercada pelo mar imensurável, o ilimitado mar do inconsciente, que abarca o mundo inteiro". Utilizando-se a figura de um iceberg, podemos exemplificar a "consciência" por sua parte aflorada e o "inconsciente" por sua parte submersa; dessa forma, a consciência edifica-se apenas secundariamente sobre a verdadeira atividade anímica, que é um funcionamento inconsciente. A consciência se divide em individual (pessoal) e coletiva. O inconsciente se divide em individual (pessoal), coletivo e cultural. O inconsciente pessoal abarca os conteúdos provenientes da história de vida do indivíduo. O inconsciente coletivo é constituído dos arquétipos e instintos sociais. Os aspectos do ambiente sócio-histórico-cultural refletem a consciência coletiva e o inconsciente cultural. O "agir militar", tratado no capítulo 1 deste trabalho se enquadra dentro do espectro da consciência coletiva e do inconsciente cultural do Sistema Militar, a depender do processo psíquico envolvido. Mais à frente no trabalho, será abordada a antinomia imprópria que ocorre na consciência do militar (parte aflorável do comportamento militar) e no inconsciente cultural militar (parte submersa do comportamento militar) em relação ao tema denúncia. Ao irromper o conflito entre os conteúdos do consciente e do inconsciente é possível uma conciliação e evolução sistêmica. Compreensão dos conceitos e relacionamento com o tema da pesquisa realizado pelo autor, tendo por base a tese "Guerra de Informação & Psicologia Complexa: noções de manipulação e alienação a partir da psicologia das massas". *In*: RIBEIRO, Ricardo. Queirós. Batista. **Guerra de Informação & Psicologia Complexa**: noções de manipulação e alienação a partir da psicologia das massas. 2021, 221 p. Tese (Doutorado em Psicologia) — Instituto de Educação, Programa de Pós-graduação em Psicologia (PPGPSI), Universidade Federal Rural do Rio de Janeiro, Seropédica, Rio de Janeiro, 2021.

Quando se faz referência à sociedade, temos uma globalização do conceito, pois inexistem sociedades no contexto da teoria sistêmica de Niklas Luhmann[267]. O que há é uma sociedade global formada por comunicações. Portando, para fins didáticos, quando se fala em sociedade brasileira estar-se-á a falar do Estado brasileiro, como um subsistema social que é um dos sistemas da sociedade, não havendo hierarquia entre eles.

Vivenciamos um aumento de complexidade comunicativa na sociedade, consistente no surgimento de novas alternativas que exigem novas seleções. Dessa forma, temos uma redução da complexidade[268] e ampliação da contingência[269]. A incerteza sobre a adequação da seleção estimula novas decisões, aumentado a complexidade. Essa circularidade entre complexidade, seleção e contingência expressa a fórmula da evolução social[270].

A comunicação é uma expressão da sociedade e se reproduz autopoieticamente, realizando operações de distinções, criando diferenças que possam depois serem incluídas em outras comunicações, formando e estabilizando as fronteiras dos sistemas sociais. Portanto, a evolução social é uma ordem autosubstitutiva, que só pode mudar nela mesma e a partir dela mesma, de maneira circular[271].

O Sistema do Direito possui como organização os tribunais que definem o cumprimento do código do direito na forma de suas decisões tematizadas. Já o Sistema da Política, que provém do poder emanado do povo, tem estrita relação com a comunicação simbolicamente generalizada "poder", que lhe dá uma função de decidir de modo vinculante. Isso, inevitavelmente, promoverá alterações no Sistema do Direito[272], quando esses sistemas alinham seus atratores[273].

O Sistema da Política, por meio de uma de suas organizações, no caso em estudo, o Poder Legislativo, procurou tentar reduzir a complexidade social das expectativas provocadas por meio das provocações globais dos

[267] GONÇALVES, Guilherme Leite; FILHO, Orlando Villas Boas. **Teoria dos Sistemas Sociais**: direito e sociedade na obra de Niklas Luhmann. São Paulo: Saraiva, 2013.

[268] A complexidade se traduz na existência de mais de uma opção para escolha.

[269] A contingência significa que as possibilidades apontadas para as demais experiências poderiam ser diferentes das esperadas. *In*: GONÇALVES, Guilherme Leite; FILHO, Orlando Villas Boas. **Teoria dos Sistemas Sociais**: direito e sociedade na obra de Niklas Luhmann. São Paulo: Saraiva, 2013.

[270] *Ibid.*

[271] BECHMANN, Gotthard; STEHR, Nioc. Niklas Luhmann. **Tempo Social**, *[S. l.]*, v. 13, n. 2, p. 185-200, 2001. Disponível em: https://www.revistas.usp.br/ts/article/view/12368. Acesso em: 16 mar. 2023.

[272] ROCHA, Leonel Severo; COSTA, Bernardo Leandro Carvalho. **Constitucionalismo Social**: Constituição na Globalização. Curitiba: Appris, 2018.

[273] Atratores são "pontes" comunicativas entre diferentes sistemas sociais (compreensão do autor). TEUBNER, Gunther. **O direito como sistema autopoiético**. Lisboa: Fundação Calouste Gulbenkian, 1989.

ODS, em especial, na busca da meta que almeja "reduzir substancialmente a corrupção e o suborno em todas as suas formas", editando a Lei Anticorrupção para preencher a lacuna jurídica em atendimento aos compromissos assumidos pelo Brasil no combate à corrupção[274], que trouxe novos parâmetros para o controle social em todos os níveis[275].

As irritações sistêmicas provocadas pelas comunicações estabelecidas ao longo do tempo provocaram e continuam a provocar evolução programática nos diversos sistemas sociais e, de alguma forma, influenciam o legislador a promover alterações normativas. Como seres historicizados, para entendermos melhor o Sistema Militar, de onde provém o objeto de estudo, é necessário entendermos sua função por meio de uma breve digressão, caminhando para a inspiração luhmanniana de sua teoria societal.

Maturana e Varela[276], ao analisarem a célula, unidades estruturais e funcionais que constituem todos os seres vivos — Sistema Biológico, identificaram sua autopoiése no esforço de se manterem vivas. Os seres humanos como acoplamentos estruturais entre o Sistema Biológico e o Sistema Psíquico, que operam por meio da consciência, formam o ambiente para os sistemas sociais. A consciência humana, por meio de comunicações instrutivas, criou o "ser humano médico" para socorrer o Sistema Biológico e/ou o Sistema Psíquico quando entrarem em colapso ou serem submetidos a uma alopoiese atacante (enfermidades).

Dentro de uma concepção autopoiética de sobrevivência, o ser humano, conscientemente, criou uma ferramenta para lhe socorrer quando a sua vida ou atividade psíquica corre perigo. O seu "criador-ambiente", em eventual estado de periclitância, não consegue mais gerenciar sua criação "ser humano médico", apenas lhe pede socorro. Entra a figura do médico, profissional da medicina, criação consciente do ser humano dotado de cognição e meios para salvar uma ou as duas partes daquele acoplamento estrutural biológico-psíquico — o ser humano em colapso. Trata-se de um outro ser humano, "programado sistemicamente" para atuar em outro corpo de acoplamento estrutural que está em colapso, em uma alopoiese de emergência.

---

[274] BRASIL. Governo Federal. **Exposição de Motivos Interministerial - EMI/2010/11 - CGU MJ AGU.** *Op. Cit.*

[275] A Lei Anticorrupção é uma lei destinada a pessoas jurídicas de direito privado. Levando-se em conta a base comunicacional estabelecida e pelo paradoxo privado *versus* público, podemos chegar à conclusão de que a comunicação por ela provocada permeia todos os sistemas sociais por meio das expectativas cognitivas.

[276] MATURANA, Humberto Romesín; VARELA, Francisco. Javier. **Autopoiesis and Cognition**: The Realizationofthe Living. Ed Springer Science & Business Media, Londres, 1991.

Essa alopoiese jamais poderá ser realizada com o escopo de matar o ser humano em socorro, mas somente para harmonizá-lo e trazê-lo à normalidade autopoiética da vida. Para que o ser humano tenha sua *ultima ratio regis,* consubstanciado no "ser humano médico", sempre em condições de socorrê-lo, há necessidade de uma permanente e regular preparação do "ser humano médico", somada aos meios mais modernos disponíveis na medicina.

O nível dos médicos e equipamentos que esse ser humano "criador-ambiente" cria e sustenta vai depender do seu "instinto de sobrevivência" e do seu "poder econômico". Por mais básico que seja sua *ultima ratio regis,* isso requer uma despesa constante para sua manutenção e treinamento para que, quando necessário, seja usado e seja efetivo. Não se obtém uma criação humana denominada "médico" de forma instantânea com capacidade cognitiva e meios adequados para enfrentar uma alopoiese atacante desconhecida.

O ser humano que a dispensa, quando seu acoplamento biológico-psíquico falhar e ele perder o controle autopoiético de sua função vivente, ele perecerá, caso não possua, emergencialmente, um "ser humano médico" apto em cognição e meios para atendê-lo. Com a morte de um dos sistemas acoplados do ser humano, interrompe-se a produção comunicacional por meio da consciência, ocasionando efeito em cadeia, extinguindo a vida.

Realizada essa breve digressão, podemos analisar a função do Sistema Militar. Luhmann se inspirou na autopoiése celular para desenvolver sua teoria societal. O ser humano é o ambiente para as comunicações produzidas por sua consciência. O Sistema Político, dentre os sistemas sociais, é o único proveniente do poder emanado do povo, tendo estrita relação com a comunicação simbolicamente generalizada "poder", que lhe dá uma função de decidir de modo vinculante.

O Sistema Militar é criação do Sistema Político, constituindo-se em um ferramental de emergência para quando esse Sistema necessitar. É um sistema que gerencia a irracionalidade humana[277], pois possuiu em seu organismo a prerrogativa do uso de armas para impor uma comunicação vinculante, se for necessário. Foi projetado e programado para se compor de profissionais da guerra — uma disfuncionalidade humana.

[277] O uso de armas para impor uma comunicação humana é uma irracionalidade. O uso de armas significa a perda da capacidade comunicacional civilizada dentro de um sistema social.

Sua programação é complexa tendo em vista a necessidade de um banco de dados programático eclético e inteligente para retomar a harmonia sistêmica democrática[278].

Por gerenciar irracionalidades para corrigir disfuncionalidades comunicativas, atua em um ambiente de alta voltagem inter-sistêmica. Nossa Constituição Federal apresenta em seu Título V — "Da Defesa do Estado e das Instituições Democráticas" o regramento programático para a o uso harmonioso da irracionalidade humana em disfuncionalidades comunicativas. Ao trazer a programação sistêmica de atuação na defesa do Estado e das Instituições democráticas, deixa clara e transparente uma atuação defensiva, que jamais pode ser entendida como intervenção-ruptura democrática.

Em caso de necessidade, sua atuação programática será sempre de harmonizar o Sistema Político, consubstanciado em seus três poderes[279], garantindo-os e por iniciativa desses, a lei e a ordem dos demais sistemas sociais.

Dentro de uma concepção autopoiética de sobrevivência, o Sistema Político, conscientemente criou uma ferramenta para lhe socorrer quando a sua continuidade corre perigo. O seu criador, em eventual estado de periclitância, não conseguindo mais gerenciar sua criação, apenas pede socorro. Nesse sentido está a desassociação entre o Sistema Militar e o Sistema Político, ou seja, a perda do controle de um sobre o outro. Dessa forma, inviabilizaria uma continência do Sistema Militar no Sistema Político. É um genuíno paradoxo luhmanniano, um sistema cria autopoieticamente um outro sistema para que, em um momento de perda do controle comunicacional vinculativo, possa contar com o *enforcement* oriundo do uso da irracionalidade humana, controlada pela disciplina e hierarquia[280]

[278] Cada Sistema Militar tem uma programação sistêmica peculiar e compatível com a autopoiése do Sistema Político que o criou. O Brasil possui um Sistema Militar de programação sistêmica com parâmetros democráticos de atuação alopoiética harmoniosa de não ruptura institucional. Outras nações, eventualmente, podem conter outras formas de programação sistêmica militar, a depender da autopoiése de seu Sistema Político, com maior ou menor grau democrático ou autocrático e forma de atuação alopoiética.

[279] Disfuncionalidades comunicativas promovidas por narrativas típicas de conflitos híbridos interpretam e apregoam, de forma extremamente equivocada, o uso das Forças Armadas com um "poder moderador", fazendo referência ao poder do imperador presente na Constituição brasileira de 1824, onde ele incorporava o poder que o permitia intervir em caso de conflitos interinstitucionais, assegurando sua vontade sobre os demais poderes. O Sistema Militar não é um poder no estado democrático de direito estabelecido pela Constituição de 1988, mas, sim, um sistema social criado pelo poder civil para garanti-lo em caso de disfuncionalidades comunicativas. Além disso, tem programação sistêmica de atuação defensiva, jamais ofensiva, tanto externamente quanto internamente, em caso de disfuncionalidades comunicativas do Sistema Político, conforme inteligência de seu texto constitucional-programático constante no preâmbulo; no art. 4º, IV e VI; na finalidade do seu Título V e no art. 142.

[280] Os códigos binários constitucionais disciplina/indisciplina e hierarquia/anarquia (art. 142), dentro de uma ordem programática-democrática (art. 1º) garantem uma atuação alopoiética direcionada na disfuncionalidade comunicativa para harmonizá-la.

para socorrê-lo[281]. Nesse momento, o Sistema Militar atuará com seus organismos dotados de armas e profissionais da guerra para intervir democrático-alopoieticamente na disfuncionalidade comunicativa que pode pôr fim à continuidade do Sistema Político.

Para que o Sistema Político tenha sua *ultima ratio regis* sempre em condições de socorrê-lo, há uma necessidade permanente e regular[282] de preparação humana somada aos meios de emprego militar mais modernos disponíveis. O nível dos organismos operativos do Sistema Militar que o Sistema Político cria e sustenta vai depender do seu "instinto de sobrevivência estatal" e de seu "poder nacional"[283]. Por mais básico que seja sua *ultima ratio regis*, isso requer uma despesa constante para sua manutenção e treinamento para que, quando necessário, seja usado e seja efetivo. Não se obtém organismos sistêmicos bélicos de forma instantânea, com capacidade cognitiva e meios adequados para enfrentar uma alopoiese atacante desconhecida. O Sistema Político que o dispensa se coloca vulnerável a uma ruptura ou destruição[284].

Portanto, a função luhmanniana[285] do Sistema Militar, em síntese, é se manter apto a atuar alopoieticamente para a manutenção dos sistemas sociais, dentro de uma programação disciplinar-hierárquica-democrática atendendo expectativas de sentido produzidas de modo vinculante pelo

[281] O Sistema Político, ao criar o Sistema Militar, que gerencia a irracionalidade humana, é obrigado a se proteger desse próprio sistema, caso ele atue com seus meios de forma irracional. Com isso, promovendo o acoplamento estrutural entre o Sistema Militar e o Sistema do Direito, o Sistema da Política estabeleceu mecanismos de *checks and balances* ao criar o escabinato na mais alta Corte de Justiça apreciadora de matéria de fato, o Superior Tribunal Militar, unindo o conhecimento técnico-jurídico da magistratura à experiência do universo militar, além de, implicitamente, conferir legitimidade às decisões judiciais controladoras do organismo que gerencia a irracionalidade humana — Forças Armadas. Esse componente é a disciplina e a hierarquia de matriz constitucional democrática. Os membros magistrados militares são oficiais generais do último posto da ativa, que ocupam quadro especial nas Forças Armadas, mais antigos (de precedência hierárquica) superior aos comandantes da Marinha, do Exército e da Aeronáutica. Faticamente, a decisão judicial proveniente dessa Corte vem contida de indelével marca disciplinar e hierárquica, contendora de eventual irracionalidade antidemocrática, que supostamente poderia ocorrer. Eventualmente, recursos extraordinário e especial não maculariam ou enfraqueceriam essa indelével marca disciplinar-hierárquica porque tratam de recursos de conteúdo processual voltados à constitucionalidade e à legalidade, respectivamente, não modificando matéria de fato.

[282] "As Forças Armadas, [...] são instituições nacionais permanentes e regulares, organizadas com base na hierarquia e na disciplina, [...]."

[283] Poder nacional é a soma de todos os recursos disponíveis para uma nação em busca de objetivos nacionais, dentre esses, a manutenção do Sistema Político, que alicerça a própria estrutura estatal.

[284] Eventualmente, nações podem ter a opção de não conter em seu sistema social um Sistema Militar. No Brasil, devido ao enorme acervo de riqueza que possuiu, seria temerário não o tê-lo.

[285] Em sua obra, Niklas Luhmann não estuda diretamente o Sistema Militar. Baseando-se em sua teoria societal, esse autor lança as bases de discussão de matriz luhmanniana sobre esse sistema social, abrindo um intrigante e rico campo de pesquisa sobre o tema, sua função dentro da democracia, seus códigos binários, sua programação e seus modos de abertura e fechamento cognitivo, lastreado em um "agir militar".

Sistema Político e materializada na ordem constitucional. A opção de não ter, preparar e manter um Sistema Militar cabe a sociedade e, no caso brasileiro, optou-se por tê-lo para garantir a harmonia e a própria continuidade comunicacional estatal.

3.1 O Programa de Integridade do Exército Brasileiro

O Prg I-EB surgiu de uma necessidade de governança capaz de promover a adoção e a manutenção de medidas e ações institucionais destinadas à prevenção, à detecção e à punição de fraudes, atos de corrupção, irregularidades e desvios de conduta, os quais poderiam comprometer a imagem e a credibilidade da Força Terrestre e afetar negativamente suas atividades. Essas medidas e ações visam à manutenção de uma cultura de integridade institucional, por meio da aplicação efetiva dos programas ou planos de Integridade (*Compliance*) e de políticas, diretrizes e códigos de ética e de conduta, bem como do tratamento adequado dos riscos à integridade.

O EB procura elevar o índice de credibilidade junto à sociedade realizando seu trabalho institucional. Não cultivar ou promover uma cultura de integridade pode ocasionar diversos problemas, como a redução no índice de confiança, a diminuição da capacidade operacional, aquisições inapropriadas e um mau desempenho orçamentário institucional.

A gestão da integridade por meio de seus programas e planos são componentes fundamentais para boa governança, conferindo às ações dos gestores não apenas legitimidade e confiabilidade, como também transparência e lisura.

Os pilares do Prg I-EB vão muito além do que está normatizado, constituem uma atuação institucional de depuração ética desde a seleção, a formação e a atuação de seus integrantes. Tomando-se por base apenas a Portaria EME/C Ex nº 316, de 30 de novembro de 2018[286], que a aprovou o Prg I-EB, poderíamos em tese encerrar o estudo por aqui, afirmando a inefetividade da Linha Ética do Prg I-EB por somente ter implantado os pilares basilares da Port CGU nº 1.089[287]. Entretanto, seria uma investigação

[286] BRASIL. Ministério da Defesa. Exército Brasileiro. **Programa de Integridade do Exército Brasileiro, 2018**. Disponível em: https://www.gov.br/cgu/pt-br/assuntos/etica-e-integridade/programa-de-integridade/planos-de-integridade/arquivos/cex-comando-do-exercito.pdf. Acesso em: 22 ago. 2022.

[287] BRASIL. Ministério da Transparência e Controladoria-Geral da União. Portaria n. 1.089, de 25 de abril de 2018. Disponível em: https://www.embrapa.br/documents/10180/38288673/IN+CGU+18+03-12-2018.pdf/ce667369-c47b-4aaa-957c-21853582a611. Acesso em: 22 ago. 2022.

simplista e não levaria em conta a possibilidade de um programa de integridade, apesar de conter pilares básicos, ser efetivo ou mesmo contendo todos os pilares, ser de "prateleira", ou seja, apenas uma ficção.

Ao estabelecer o seu Prg I-EB, o EB nomeou o Estado Maior do Exército (EME) como Unidade de Gestão da Integridade, cumprindo a 1ª Fase da Port CGU nº 1.089. Aprovou o Prg I-EB por meio da Portaria EME/C Ex nº 316, de 30 de novembro de 2018, cumprindo a 2ª Fase da Port nº 1.089-CGU. No curso da implementação da 3ª Fase da Port CGU nº 1.089, o EB definiu que os órgãos e as entidades deverão iniciar a execução e o monitoramento do seu Programa de Integridade, com base nas medidas definidas, além de buscar expandir o alcance de seu Programa de Integridade para as políticas públicas por eles implementadas e monitoradas, bem como para fornecedores e outras organizações públicas ou privadas com as quais mantenham relação.

O Prg I-EB encontra-se na 3ª Fase de seu planejamento (Execução e Monitoramento). Como instituição de estado, o EB pode contribuir para um combate à corrupção e à execução de boas práticas administrativas de forma sistêmica e contagiante, principalmente devido ao seu relacionamento com a iniciativa privada em contratações públicas. O Prg I-EB é um sistema contínuo, sem fim em si mesmo, que precisa e deve ser monitorado e aperfeiçoado, com o escopo de prevenir ou minimizar os riscos de violação às leis decorrentes de atividade praticada por um agente privado ou público.

O primeiro pilar trata do *Tone of the top*, ou seja, o comprometimento e suporte da alta administração pública para a implementação do programa de integridade. Desde os bancos escolares, os quadros do Exército são formados com base na disciplina e hierarquia, que são a base institucional das Forças Armadas.

O RDE[288] define hierarquia[289] e a disciplina. Sendo que essa "é a rigorosa observância e o acatamento integral das leis e regulamentos, normas e disposições, traduzindo-se pelo perfeito cumprimento do dever por parte de todos e de cada um dos componentes do organismo militar", constituindo-se em preceito fundamental e norteador do funcionamento da Instituição. A cadeia de Comando está alicerçada na hierarquia e na disciplina, sendo a principal estrutura de gestão da integridade.

---

[288] RDE. *Op. Cit.*

[289] Já foi tratada anteriormente como sendo "a ordenação da autoridade, em níveis diferentes, por postos e graduações" e o respeito à hierarquia é demonstrado pelo espírito de acatamento à sequência de autoridades.

Além dos dois sustentáculos das Forças Armadas, durante a formação, os quadros são estimulados, dentro dos respectivos níveis hierárquicos, ao desenvolvimento da liderança pelo exemplo. Seja na atividade operacional (atividade fim) ou na atividade logística-financeira-administrativa (atividade meio), a disciplina e a ação de comando estão presentes, sendo a síntese de um *compliance* castrense, fazendo parte da cultura da Instituição. A hierarquia ao lado da disciplina sob o esteio do exemplo são os pilares que pavimentarão a aplicação do mecanismo *top of down,* buscando a aplicação global e internalização de conceitos de cima para baixo.

O segundo pilar trata do *Risk Assessment,* ou seja, o mapeamento e análise de riscos que auxiliarão no processo de tomada de decisão. A análise de riscos avalia as variáveis endógenas e exógenas de modo a possibilitar uma gestão eficiente.

No EB, em cada Organização Militar (OM) existem Assessorias de Gestão de Riscos e Controles (AGRiC), Proprietários de Riscos e Controles (PRisC) e Equipes de Gestão de Riscos e Controles (EGRiC); tendo por missão precípua assegurar que os riscos inerentes às atividades da OM sejam gerenciados de acordo com os princípios, objetivos e diretrizes da Política de Gestão de Riscos do EB[290].

O EB utiliza como modelo conceitual para o gerenciamento de riscos corporativos, proporcionando as diretrizes para a evolução e aprimoramento do gerenciamento de riscos e dos procedimentos para sua análise, a matriz de risco adotada pelo *Committee of Sponsoring Organization of the Treadway Commission* (COSO). A obra *Internal Control — Integrated Framework* (Gerenciamento de Riscos Corporativos — Estrutura Integrada) é a balizadora dos controles internos e gerenciamento de riscos utilizados pelo EB.

O Prg I-EB se liga à gestão de risco, principalmente, no que diz respeito à integridade, onde se buscam identificar riscos que configurem ações ou omissões intencionais que possam favorecer a ocorrência de fraudes ou atos de corrupção, podendo ser causa, evento ou consequência de outros riscos.

Nesse diapasão, a missão, os valores e os compromisso do EB servirão de vetores para a gestão de riscos somados à proteção reputacional da Instituição. As contratações públicas são operacionalizadas em um regime jurídico específico que não admite restringir os poderes da administração

[290] Essa matéria é regulada pela Portaria do Comandante do Exército n. 4, de 3 de janeiro de 2019, que aprova a Política de Gestão de Riscos do Exército Brasileiro, 2ª edição, 2018; e pela Portaria do Estado-Maior do Exército n. 225, de 26 de julho de 2019, que aprova a Diretriz Reguladora da Política de Gestão de Riscos do Exército Brasileiro (EB20-D-02.010), 1ª edição, 2019.

pública contratante, que inevitavelmente aumentam os riscos de *compliance*, devido à discricionariedade do agente público que pode dar azo para manipulação da concorrência.

O terceiro pilar trata do Código de Ética e de Conduta. O EB possuiu o Vade-Mécum de Cerimonial Militar do Exército — Valores, Deveres e Ética Militares (VM 10)[291], que difunde, de forma abrangente e simples, as principais "ideias-força" referentes aos valores, deveres e ética militares, visando contribuir para o continuado aprimoramento das virtudes castrenses. São conceitos indissociáveis, convergentes e que se complementam para a obtenção de objetivos individuais e Institucionais.

Figura 5 – Representação da Ética Militar

Fonte: www.sgex.eb.mil.br [292]

O quarto pilar trata dos Controles Internos. As OM do EB possuem uma Seção de Conformidade de Registro de Gestão (SCRG) que mantém os registros contábeis, financeiros e patrimoniais da OM, assegurando

[291] BRASIL. Ministério da Defesa. Exército Brasileiro. **Vade-Mécum de Cerimonial Militar do Exército**. Valores, Deveres e Ética Militares (VM 10). *Op. Cit.*

[292] Disponível em: http://www.sgex.eb.mil.br/images/artigos/VADE-MECUM/VM%20-%2010%20-%20Valores,%20Deveres%20e%20%C3%89tica%20Militares.pdf. Acesso em: 26 ago. 2022.

mecanismos de controle para que os riscos sejam minimizados, tanto no nível interno quanto no externo. A Conformidade dos Registros de Gestão (CONF REG) consiste na certificação dos registros dos atos e fatos de execução orçamentária, financeira e patrimonial incluídos no Sistema Integrado de Administração Financeira do Governo Federal (SIAFI) e da existência de documentos hábeis que comprovem as operações.

O Prg I-EB leva em consideração para a sua operacionalidade o relacionamento entre as atividades desenvolvidas pela SCRG e os diversos Centro de Gestão, Contabilidade e Finanças do Exército (CGCFEx)[293], enquanto agentes fundamentais do controle interno no EB, proporcionando ao gestor máximo de cada OM uma melhor tomada de decisão no que tange aos atos e aos fatos de sua gestão orçamentária, financeira e patrimonial. O responsável pela conformidade dos registros de gestão é o controle interno inserido na Unidade Gestora. A integração com o CGCFEx de vinculação proporciona uma atuação tempestiva na identificação de possíveis inconsistências, aumentando o êxito do Prg I-EB nesse ponto.

O quinto pilar trata da Comunicação e Treinamento do Prg I-EB, que aborda a comunicação com o gestor máximo e com os atores que, efetivamente, fazem os processos acontecerem. No quesito comunicação interna, em que o Prg I-EB deveria ser voltado para os militares e civis que trabalham no EB, tratando de reforçar nas pessoas a prática do correto e o motivo de atuarem em *compliance*, baseado em informação e exemplo, encontra-se uma vulnerabilidade relatada no Diário de Pesquisa. Não se pratica o que não se conhece ou divulga[294].

No EB, há determinação em seu Regulamento Interno dos Serviços Gerais (RISG)[295], para que seus integrantes tomem conhecimento dos atos administrativos publicados nos Boletins Internos (BI) das diversas OM. O que é publicado no BI parte de determinação do Comandante, Chefe ou Diretor da OM. Já ao militar cabe a sua leitura, não justificando o desconhecimento das ordens publicadas no BI. Entretanto, essa engrenagem é suscetível a falhas e o Prg I-EB pode não ter sido divulgado apropriadamente.

---

[293] O EB possuiu 12 CGCFEx espalhados pelo Brasil, sendo um por Região Militar.

[294] Desde o início da pesquisa, que se deu no início de 2021, este pesquisador não recebeu nenhum treinamento referente ao Prg I-EB, tampouco o programa foi divulgado em sua OM.

[295] A Portaria C Ex n. 816, de 19 de dezembro de 2003, que aprova o Regulamento Interno e dos Serviços Gerais (RISG) está disponível na separata ao Boletim Interno do Exército n. 51 de 19 de dezembro de 2003. BRASIL. Ministério da Defesa. Exército Brasileiro. **Secretaria-Geral do Exército - Boletins do Exército**. *Op. Cit.*

O sexto pilar trata dos Canais de Comunicação, também chamados de canais de Denúncia. Nesse ponto em específico encontramos o centro nevrálgico e sensível de um programa de integridade dentro das Forças Armadas, que será abordado na integralidade da pesquisa para se responder ao questionamento — analisar a (in)efetividade da Linha Ética do Prg I-EB.

O normativo castrense é extremamente rígido nos preceitos da disciplina, da hierarquia, dos deveres, valores e ética militares, conforme Lei nº 6.880, de 9 de dezembro de 1980 (Estatuto dos Militares)[296] e RDE[297]. Por força legal, os militares têm o dever de lealdade em todas as circunstâncias. Tanto é assim que o RDE define como transgressão disciplinar o fato de "não levar falta ou irregularidade que presenciar, ou de que tiver ciência e não lhe couber reprimir, ao conhecimento de autoridade competente, no mais curto prazo"[298].

Os civis que integram o EB[299] são regidos pela Lei nº 8.112, de 11 de dezembro de 1990[300] e pela Lei nº 8.745, de 9 de dezembro de 1993[301] que os impõem o dever de lealdade à Instituição e de levar as irregularidades de que tiver ciência em razão do cargo ao conhecimento da autoridade superior ou, quando houver suspeita de envolvimento dessa, ao conhecimento de outra autoridade competente para apuração.

No contexto normativo que rege os integrantes do EB, observamos um dever legal de lealdade para informar ao superior hierárquico ou chefe imediato eventual irregularidade que venha a tomar conhecimento. Nesse diapasão, a terminologia "Canais de Denúncia" não é o apropriado. O termo reportante se mostra mais adequado ao arcabouço legal que se impõe aos integrantes do EB. Reportar é diferente de denunciar por se tratar de um dever legal.

O sétimo pilar aborda as Investigações Internas. No EB o assunto é tratado pela Portaria do Comandante do Exército (C Ex) nº 13, de 14 de janeiro de 2013[302], que regula a execução de medidas sumárias para verifi-

[296] Estatuto dos Militares. *Op. Cit.*

[297] RDE. *Op. Cit.*

[298] *Idem.*

[299] Os civis que integram o Exército também fazem parte do universo abrangido pelo Prg I-EB, entretanto, não farão parte do estudo e foram citados a título de exemplo. Um Programa de Integridade é voltado para toda uma coletividade, não apenas para um segmento. Devido a limitações de tempo e meios esse universo não será pesquisado, sendo uma nova frente para pesquisas futuras.

[300] BRASIL. Lei n. 8.112, de 11 de dezembro de 1990. Disponível em: http://www.planalto.gov.br/ccivil_03/leis/l8112cons.htm. Acesso em: 18 jun. 2022.

[301] BRASIL. Lei n. 8.745, de 9 de dezembro de 1993. Disponível em: http://www.planalto.gov.br/ccivil_03/leis/l8745cons.htm. Acesso em: 18 jun. 2022.

[302] BRASIL. Ministério da Defesa. Exército Brasileiro. Portaria C Ex n. 13, de 14 de janeiro de 2013. **Regula, no âmbito do Exército Brasileiro, a execução de medidas sumárias para verificação de fatos apontados por meio de denúncias anônimas**. Disponível em: https://rafaelauditoria.files.wordpress.com/2018/08/binfo-04-18-notainformativaespecial2018.pdf (Fl n. 263-265). Acesso em: 26 ago. 2022.

cação de fatos apontados por meio de denúncias anônimas; pela Portaria C Ex nº 1.067, de 8 de setembro de 2014[303], que aprova as Instruções Gerais para a Salvaguarda de Assuntos Sigilosos; pela Portaria C Ex nº 107, de 13 de fevereiro de 2012[304], que aprova as Instruções Gerais para a Elaboração de Sindicância no Âmbito do Exército Brasileiro e pela Portaria C Ex nº 1.324, de 4 de outubro de 2017[305], que aprova as Normas para a Apuração de Irregularidades Administrativas. A investigação se desenvolverá em duas frentes de apuração dependendo de o fato se constituir reporte ou denúncia, utilizando os normativos cabíveis.

O oitavo pilar aborda a *Due Diligence* ou diligência necessária. Um programa de integridade não pode se restringir ao âmbito da organização. Os parceiros, os convenentes e os terceiros contratados pelo EB devem se submeter a uma rigorosa avaliação. É importante avaliar o histórico de cada um deles antes de se estabelecer uma relação de parceria, convênio ou contrato.

O EB pratica a checagem para que se realize a *Due diligence*, respondendo questionamentos quanto ao tipo de órgão, ente federado ou terceiro; qual sua atuação; como é sua imagem e reputação na sociedade; se o parceiro, convenente ou contratado possuiu um programa de integridade; se a documentação para a formalização do ato administrativo está correta; entre outros.

A nova Lei de Licitações e Contratos[306], Lei nº 14.133, de 1º de abril de 2021, já prevê um desenvolvimento implícito do *Due diligence* anterior e posterior à formalização do ato administrativo. Intercorrências podem ocorrer durante a execução do instrumento de parceria ou contrato, definindo uma periodicidade mínima para a repetição dos procedimentos. A busca por dados em fontes públicas como a internet e no Portal Nacional de Contratações Públicas (PNCP) deverão nortear as contratações públicas.

---

[303] BRASIL. Ministério da Defesa. Exército Brasileiro. Portaria C Ex n. 1.067, de 8 de setembro de 2014. **Aprova as Instruções Gerais para a Salvaguarda de Assuntos Sigilosos (EB10-IG-01.011), 1ª Edição,2014, e dá outras providências.** Disponível em: http://www.sgex.eb.mil.br/index.php/download/send/3-instrucoes-gerais/7-eb10-ig-01-011-igsas-pdf. Acesso em: 26 ago. 2022.

[304] BRASIL. Ministério da Defesa. Exército Brasileiro. Portaria C Ex n. 107, de 13 de fevereiro de 2012. **Aprova as Instruções Gerais para a Elaboração de Sindicância no Âmbito do Exército Brasileiro (EB10-IG-09.001) e dá outras providências.** Disponível em: http://www.sgex.eb.mil.br/sg8/002_instrucoes_gerais_reguladoras/01_gerais/port_n_107_cmdo_eb_13fev2012.html. Acesso em: 26 ago. 2022.

[305] BRASIL. Ministério da Defesa. Exército Brasileiro. Portaria C Ex n. 1.324, de 4 de outubro de 2017. **Aprova as Normas para a Apuração de Irregularidades Administrativas (EB10-N-13.007).** Disponível em: http://www.5icfex.eb.mil.br/images/satt/2017-10-13-SepBE-41-2017_Port-1324-Cmt_Ex.pdf. Acesso em: 26 ago. 2022.

[306] BRASIL. Lei Federal n. 14.133, de 1º de abril de 2021. Disponível em: http://www.planalto.gov.br/ccivil_03/_ato2019-2022/2021/lei/L14133.htm. Acesso em: 26 ago. 2022.

O nono pilar aborda o Monitoramento e Auditoria. Não existe a figura de um *compliance officer* na cadeia de processamento da documentação das OM do EB. Entretanto, com relação à auditoria, o EB já trata o tema por meio da Portaria C Ex nº 1.523, de 14 de maio de 2021[307]. Além disso, somado aos Controles Internos, o Prg I-EB leva em consideração as atividades desenvolvidas pelos diversos CGCFEx quando do seu controle externo das atividades de gestão orçamentária, financeira e patrimonial. Para isso, as atividades de auditoria são guiadas pelo Manual de Auditoria estatuído pela Portaria C Ex nº 18, de 17 de janeiro de 2013[308].

A Auditoria e Monitoramento são a própria manutenção e perpetuação do programa de integridade, devendo ser contínuos, avaliando sempre se está sendo bem executado e se os integrantes do EB estão, de fato, comprometidos com as normas, se cada um dos pilares está funcionando como o esperado e sendo efetivos na missão de prevenir possíveis fraudes e inconsistências. Essa pesquisa é uma iniciativa particular de um integrante do EB, entretanto, na sua gênese, houve uma tentativa de que a Instituição dirigisse esforços para sua execução, sem êxito[309]. A pesquisa foi direcionada para contribuir com o atingimento do Objetivo Estratégico do Exército (OEE) nº 10, na sua Estratégia nº 10.1, prevista no Plano Estratégico do Exército[310], em que se almeja aperfeiçoar a governança corporativa e o Sistema de gestão do EB.

A doutrina mais moderna trata também de diversidade e inclusão como sendo o 10º Pilar de um Programa de Integridade, como uma forma de prestigiar um tema tão importante. Não há *compliance* sem respeito e igualdade, entretanto, nas Forças Armadas, pela peculiaridade de seu mister, esse tema requer certa ponderação, por encontrar na lei requisitos mínimos de higidez física e mental para o ingresso nos seus efetivos. Quanto à política

307 BRASIL. Ministério da Defesa. Exército Brasileiro. Portaria C Ex n. 1.523, de 14 de maio de 2021. **Aprova as Instruções Gerais para a Atividade de Auditoria Interna Governamental, institui o Estatuto de Auditoria e regulamenta o Sistema de Controle Interno do Comando do Exército (EB10-IG-13.001),1ª edição, 2021**. Disponível em: https://12cgcfex.eb.mil.br/images/2secao/2021/port-c_ex_1523_ig_atv_aud_gov.pdf. Acesso em: 26 ago. 2022.

308 BRASIL. Ministério da Defesa. Exército Brasileiro. Portaria C Ex n. 18, de 17 de janeiro de 2013. Aprova o Manual de Auditoria (EB10-MT-13.001) 1ª Edição, 2013 e dá outras providências. Disponível em: http://www.5icfex.eb.mil.br/saf/2013-01-17-Manual_de_Auditoria-Portaria_nr_018.pdf. Acesso em: 26 ago. 2022.

309 O processo de qualificação stricto sensu no EB é complexo e será tratado quando for realizada a análise de dados referente ao Diário de Pesquisa, no Capítulo 4.

310 BRASIL. Ministério da Defesa. Exército Brasileiro. Portaria C Ex n. 1.042, de 18 de agosto de 2017. Aprova o Plano Estratégico do Exército 2016-2019/3ª Edição, integrante do Sistema de Planejamento Estratégico do Exército (SIPLEx). Disponível em: http://www.ceadex.eb.mil.br/images/legislacao/XI/plano_estrategico_do_exercito_2020-2023.pdf. Acesso em: 26 ago. 2022.

de cotas, as Forças Armadas já aplicam em seus certames seletivos o previsto em lei. Como a administração pública está restrita aos ditames legais, não cabe discricionariedade nesse pilar e, por isso, não será abordado no estudo.

3.2 O Sistema de Ouvidoria do Exército Brasileiro

A atividade de Ouvidoria é a instância de participação e controle social responsável por interagir com os usuários, pessoa física ou jurídica, com o objetivo de aprimorar a gestão pública, melhorar os serviços oferecidos e garantir os procedimentos de simplificação desses serviços[311]. No EB, o normativo que trata do assunto é a Portaria do Comandante do Exército nº 1.356, de 2 de setembro de 2019[312].

A Unidade de Ouvidoria do EB faz parte da estrutura organizacional do Centro de Comunicação Social do Exército (CCOMSEx) e é um sistema único para toda a Força Terrestre. Todas as demandas da Fala-BR são direcionadas ao Comando do Exército e processadas por esse órgão.

A página oficial do EB[313] possui um link para sua Ouvidoria, em que se destaca uma série de dúvidas recorrentes e, caso não encontre o que deseja, é possível seu direcionamento para a Fala-BR, canal exclusivo para tratamento de denúncias, reclamações, solicitações, sugestões, elogios e procedimentos de simplificação dos serviços públicos e pedido de informação.

A Ouvidoria do EB destina-se a receber as manifestações dos usuários dos serviços públicos, excluindo desse rol seus integrantes militares ou civis. O trânsito interno de informações se restringe ao canal de reporte, não se destinando à solução de conflitos internos e não servindo como órgão de comunicação entre o militar ou servidor civil e a alta direção, prevalecendo os mecanismos próprios, definidos na lei e nos regulamentos militares existentes para essa finalidade.

O trânsito externo das informações[314] terá assegurado a proteção da identidade e dos elementos que permitam a identificação do usuário ou do autor da manifestação, nos termos da Lei de Acesso à Informação[315], sujeitando-se o agente público às penalidades legais pelo seu uso indevido.

---

[311] MINISTÉRIO DA TRANSPARÊNCIA E CONTROLADORIA-GERAL DA UNIÃO, Política de Formação Continuada em Ouvidorias, 2018.

[312] Publicada no Boletim do Exército n. 36 de 2019. BRASIL. Ministério da Defesa. Exército Brasileiro. **Secretaria-Geral do Exército - Boletins do Exército**. *Op. Cit.*

[313] BRASIL. Ministério da Defesa. Exército Brasileiro. *Op. Cit.*

[314] O trânsito externo de informações, neste artigo, refere-se a todas as denúncias e comunicações que têm origem de pessoas estranhas aos integrantes do EB.

[315] Art. 31. BRASIL. Lei n. 12.527, de 18 de novembro de 2011. Disponível em: http://www.planalto.gov.br/ccivil_03/_ato2011-2014/2011/lei/l12527.htm. Acesso em: 15 jun. 2022.

No caso de algum integrante do EB presenciar alguma irregularidade, o caminho estabelecido pela Portaria do Comandante do Exército nº 1.356, de 2 de setembro de 2019[316], é o canal de reporte, levando a conhecimento do seu superior hierárquico ou chefe imediato[317].

A Ouvidoria do EB destina-se a receber as manifestações dos usuários dos serviços públicos. O uso do termo "usuários dos serviços públicos" ao invés de "cidadãos" limita uma maior abrangência de interação e controle social, inclusive por integrantes do EB.

O fato de a Ouvidoria do EB não se destinar à solução de conflitos internos e não servir como órgão de comunicação entre o militar ou servidor civil e a alta direção, prevalecendo os mecanismos próprios, definidos na lei e nos regulamentos militares existentes para essa finalidade, acaba por inovar no ordenamento jurídico e contém indicação subliminar da impossibilidade de o militar realizar uma denúncia identificada pelo Sistema da Fala.BR, em dissonância com as leis e normativos vigentes sobre o tema.

Há previsão de serviço de atendimento ao usuário (fale conosco) nas organizações militares e são destinadas à solução de dúvidas, auxílios, recepção, facilitação e registro de requerimentos administrativos normatizados por regulamento ou regimento interno. Entretanto, as manifestações em Ouvidoria devem ser apresentadas, preferencialmente, em meio eletrônico, por meio da Fala.BR, de uso obrigatório pelos órgãos da administração pública federal direta, autárquica e fundacional, devendo suprimir meios que não estão de acordo com o previsto em norma[318, 319]. Além disso, há previsão de que os órgãos de direção setorial, as regiões militares, as bases administrativas e as organizações militares de saúde e de ensino poderão instituir, em suas áreas de competência, serviços de atendimento ao usuário e, excepcionalmente, ouvido o EME, as demais organizações poderão instituir serviços de atendimento ao usuário. Essa unificação do canal na Fala.BR tem como propósito o controle externo de prazos realizado pela CGU[320].

---

316 Publicada no Boletim do Exército n. 36 de 2019. BRASIL. Ministério da Defesa. Exército Brasileiro. **Secretaria-Geral do Exército - Boletins do Exército**. *Op. Cit.*

317 Trata-se da possibilidade de trânsito interno das denúncias, aqui entendido como sendo a denúncia ou comunicação oriunda de algum integrante do EB, mesmo que seja realizada pela plataforma Fala.BR.

318 Conforme art. 16. BRASIL. Decreto n. 9.492, de 5 de setembro de 2018. Disponível em: http://www.planalto.gov.br/ccivil_03/_ato2015-2018/2018/decreto/D9492.htm. Acesso em: 19 set. 2022.

319 Conforme § único do art. 3º. BRASIL. Ministério da Transparência e Controladoria-Geral da União. Instrução Normativa n. 18, de 3 de dezembro de 2018. Disponível em: https://www.legiscompliance.com.br/legislacao/norma/3. Acesso em: 19 set. 2022.

320 Conforme art. 3º. BRASIL. Ministério da Transparência e Controladoria-Geral da União. Portaria n. 581, de 9 de março de 2021. *Op. Cit.*

A pseudonimização que é o tratamento por meio do qual um dado perde a possibilidade de associação, direta ou indireta, a um indivíduo, senão pelo uso de informação adicional mantida separadamente pela CGU, em ambiente controlado e seguro, protegendo a identidade do denunciante de boa-fé não foi retratada na Portaria do Comandante do Exército nº 1.356, de 2 de setembro de 2019[321], o que requer uma atualização para sua adequação ao previsto no inciso II do art. 3º do Decreto nº 10.153, de 3 de dezembro de 2019[322].

A Ouvidoria do EB, no caso de recebimento de denúncia, determina que o fato deve ser levado ao conhecimento do comandante, chefe ou diretor da organização militar, a fim de que a manifestação receba o tratamento adequado para a inserção no Sistema e-Ouv. No caso de uma organização militar ser comandada por oficial-general, as denúncias deverão ser encaminhadas ao chefe do estado-maior. As áreas responsáveis pela adoção das providências deverão dar ciência ao escalão superior quando, a seu juízo, a manifestação puder produzir repercussões negativas.

Desde o recebimento da denúncia, as unidades do Sistema de Ouvidoria adotarão as medidas necessárias à salvaguarda da identidade do denunciante e à proteção das informações recebidas, nos termos do Decreto nº 10.153, de 3de dezembro de 2019[323]. Essa proteção se dará por meio da adoção de salvaguardas de acesso aos seus dados, que deverão estar restritos aos "agentes públicos com necessidade de conhecer", pelo prazo de 100 anos[324]. Essa necessidade de conhecer será declarada pelo agente público com competência para executar o processo apuratório, quando for indispensável à análise dos fatos narrados na denúncia.

Além disso, a Instrução Normativa nº 19, de 3 de dezembro de 2018[325], desestimula o recebimento de manifestação diretamente pelas áreas envolvidas nos processos apuratórios ou pelas áreas gestoras dos serviços ou políticas objeto das manifestações. Essa previsão constante na Ouvidoria do EB[326] coloca em risco a apuração da denúncia no caso hipotético do denunciado

[321] Publicada no Boletim do Exército n. 36 de 2019. BRASIL. Ministério da Defesa. Exército Brasileiro. **Secretaria-Geral do Exército - Boletins do Exército**. *Op. Cit.*

[322] BRASIL. Decreto n. 10.153, de 3 de dezembro de 2019. *Op. Cit.*

[323] *Idem.*

[324] § 1º do Art 6º. *Ibid.*

[325] Conforme o § 1º do art. 1º. BRASIL. Ministério da Transparência e Controladoria-Geral da União. Instrução Normativa n. 19, de 3 de dezembro de 2018. *Op. Cit.*

[326] Portaria do Comandante do Exército n. 1.356, de 2 de setembro de 2019. Publicada no Boletim do Exército n. 36 de 2019. BRASIL. Ministério da Defesa. Exército Brasileiro. **Secretaria-Geral do Exército - Boletins do Exército**. *Op. Cit.*

ser o comandante da organização militar. Há necessidade de se adequar o tratamento da denúncia para responsabilidade do controle externo, no caso a CGU, conforme preconiza o normativo federal[327], com isso a denúncia seria encaminhada ao Comando do Exército e esse designaria o agente público responsável pela investigação, podendo ser o comandante da organização militar, mas não havendo obrigatoriedade que ele tenha conhecimento do teor da denúncia, dependendo da hipótese em que supostamente poderia estar envolvido no fato denunciado.

Tendo em vista o fato de se preconizar o canal de reporte para os integrantes do EB, subliminarmente, havendo uma denúncia, essa seria tratada como um relato de autor desconhecido, ou seja, denúncia anônima, pois para o militar não se identificar estaria fora do previsto pelo canal de reporte. A apuração da denúncia anônima[328] não tramitará pelo canal técnico de comunicação social, sendo tratada pessoalmente pelo comandante, chefe ou diretor responsável. Há vulnerabilidades nesse procedimento, pois a alta direção não está imune à chaga da corrupção, somado ao fato do não acompanhamento do caso por parte do manifestante. Essas vulnerabilidades prejudicam o combate à corrupção em sua plenitude e transparência.

O trabalho, como achado secundário de pesquisa[329], aborda uma série de propostas de atualizações normativas para a Ouvidoria do EB[330], principalmente devido à edição de normativos posteriores à sua publicação em Boletim do Exército e, também, correções em peculiaridades não observadas em sua elaboração, pois alguns normativos já se encontravam em vigor a seu tempo, em especial ao seguintes normativos: Lei 12.846, de 1º de agosto de 2013[331]; Lei nº 13.460, de 26 de junho de 2017[332]; Lei nº 13.608, de 10 de janeiro de 2018[333]; Decreto nº 9.492, de 5 de setembro de 2018[334]; Decreto

---

[327] Art 17. *In*: BRASIL. Ministério da Transparência e Controladoria-Geral da União. Portaria n. 581, de 9 de março de 2021. *Op. Cit.*

[328] Portaria do Comandante do Exército n. 13, de 14 de janeiro de 2013. Boletim do Exército n. 4 de 2013. BRASIL. Ministério da Defesa. Exército Brasileiro. **Secretaria-Geral do Exército - Boletins do Exército**. *Op. Cit.*

[329] O quadro comparativo com a atual Portaria nº 1.356, de 2 de setembro de 2019 e as propostas de alteração com as respectivas justificativas já está de posse do Estado-Maior do Exército.

[330] Portaria do Comandante do Exército n. 1.356, de 2 de setembro de 2019. Publicada no Boletim do Exército n. 36 de 2019. BRASIL. Ministério da Defesa. Exército Brasileiro. **Secretaria-Geral do Exército - Boletins do Exército**. *Op. Cit.*

[331] Lei Anticorrupção. *Op. Cit.*

[332] Lei Anticorrupção. *Op. Cit.*

[333] BRASIL. Lei n. 13.608, de 10 de janeiro de 2018. Disponível em: http://www.planalto.gov.br/ccivil_03/_ato2015-2018/2018/lei/L13608.htm. Acesso em: 19 set. 2022.

[334] BRASIL. Decreto n. 9.492, de 5 de setembro de 2018. *Op. Cit.*

nº 10.153, de 3 de dezembro de 2019[335]; Instrução Normativa nº 18, de 3 de dezembro de 2018[336]; Instrução Normativa nº 19, de 3 de dezembro de 2018; e Portaria nº 581, de 9 de março de 2021[337].

3.3 O Sistema de Ouvidoria do Governo Federal: Plataforma Fala.BR

Para concretizar e operacionalizar o canal de denúncia, o governo federal criou a Fala.BR — Plataforma Integrada de Ouvidoria e Acesso à Informação[338], desenvolvida pela CGU, que permite a qualquer cidadão encaminhar, de forma ágil e com interface amigável, pedidos de informações públicas e manifestações, tudo em um único ambiente virtual. A ferramenta foi construída pelo Ministério da Justiça e Segurança Pública em parceria com a *International Chamber of Comerce* — Brasil (ICC Brasil).

A Fala.BR é uma linha ética na qual é possível dar um "aviso" aos órgãos competentes para avaliação de outrem sobre algo que pode parecer passível de responsabilização: é o instituto do *whistleblowing*[339].

Por meio de sua linha de ouvidoria, a Fala.BR permite que o cidadão possa realizar denúncia, fazer um elogio, uma reclamação, uma solicitação ou contribuir para melhoria dos processos administrativos. Apesar de conter o link de acesso ao serviço de informações púbicas, esse não é considerado um serviço de ouvidoria e possui lei própria de regência[340].

O Sistema Eletrônico do Serviço de Informação (e-SIC) está integrado à Fala.BR desenvolvida pela CGU. A nova plataforma permite "aos cidadãos", após prévio cadastro, fazerem pedidos de informações públicas e manifestações de ouvidoria em um único local.

A unidade de apuração competente poderá requisitar à unidade de ouvidoria informações sobre a identidade do denunciante, quando for indispensável à análise dos fatos relatados na denúncia, e o compartilhamento de elementos de identificação do denunciante com outros órgãos não implica a perda de sua natureza restrita. Mesmo que se tenha uma comunicação de

---

335 BRASIL. Decreto n. 10.153, de 3 de dezembro de 2019. *Op. Cit.*

336 BRASIL. Ministério da Transparência e Controladoria-Geral da União. Instrução Normativa n. 18, de 3 de dezembro de 2018. *Op. Cit.*

337 BRASIL. Ministério da Transparência e Controladoria-Geral da União. Portaria n. 581, de 9 de março de 2021. *Op. Cit.*

338 BRASIL. Controladoria-Geral da União. **Fala.BR - Plataforma Integrada de Ouvidoria e Acesso à Informação.** *Op. Cit.*

339 CARVALHO, André. Castro. *et al. Op. Cit.*

340 BRASIL. Lei n. 12.527, de 18 de novembro de 2011. *Op. Cit.*

irregularidade, ou seja, quando a denúncia é feita de forma anônima, seu tratamento será conforme a denúncia. O encaminhamento de denúncia com elementos de identificação do denunciante entre unidades do Sistema de Ouvidoria do Poder Executivo federal será precedido de solicitação de consentimento do denunciante, que se manifestará no prazo de 20 dias, contado da data da solicitação do consentimento realizada pela unidade de ouvidoria encaminhadora. Na hipótese de negativa ou de decurso desse prazo, a unidade de ouvidoria que tenha recebido originalmente a denúncia somente poderá encaminhá-la ou compartilhá-la após a sua pseudonimização, garantindo a proteção do denunciante[341].

A fim de cumprir requisitos de segurança e rastreabilidade, o envio de denúncia para as áreas de apuração será realizado, sempre que possível, por intermédio do módulo de triagem e tratamento da Fala.BR com o objetivo de ter um agente controlador e fiscalizador do andamento da apuração, mantendo a proteção da identidade do denunciante. No caso de impossibilidade de utilização desse módulo de triagem, a Ouvidoria do Exército Brasileiro informará, anualmente, à CGU medidas de mitigação de riscos adotadas para a salvaguarda dos direitos dos cidadãos usuários de tais serviços, bem como a justificativa para a manutenção de ferramenta diversa[342].

Caso seja indispensável a apuração dos fatos ou o interesse público, mediante comunicação prévia e concordância do denunciante, a sua identidade será encaminhada ao órgão apuratório, que ficará responsável pela restrição do acesso dos seus dados a terceiros[343].

A existência da Fala.BR e seu uso institucional permitirá ao integrante do EB utilizar esse caminho caso não se sinta confortável em reportar uma possível irregularidade ao seu superior hierárquico ou chefe imediato. Esse uso é disruptivo e indica uma mudança comportamental, ao dar meios e caminhos para a utilização da linha ética, no caso "Caminhos e Meios de Reporte de Irregularidades", excluindo qualquer possibilidade de perseguição ao reportante, mesmo que somente no imaginário castrense.

---

[341] Conforme art. 7º e nos seus §§ 1º e 2º e § único e art. 8º *In*: BRASIL. Decreto n. 10.153, de 3 de dezembro de 2019. *Op. Cit.*; e conforme art. 21 *In:* BRASIL. Ministério da Transparência e Controladoria-Geral da União. Portaria n. 581, de 9 de março de 2021. Disponível em: https://repositorio.cgu.gov.br/handle/1/65126. Acesso em: 19 set. 2022.

[342] Conforme inciso V do Art 19. *In*: BRASIL. Ministério da Transparência e Controladoria-Geral da União. Portaria n. 581, de 9 de março de 2021. Disponível em: https://repositorio.cgu.gov.br/handle/1/65126. Acesso em: 19 set. 2022.

[343] Conforme § único do Art 4º-B. *In*: BRASIL. Lei n. 13.608, de 10 de janeiro de 2018. *Op. Cit.*; e conforme art. 8º. *In*: BRASIL. Decreto n. 10.153, de 3 de dezembro de 2019. *Op. Cit.*

3.4 O fechamento operacional e cognitivo ocorrido no Exército Brasileiro entre o acoplamento estrutural da política e o subsistema do Direito castrense: o risco de alopoiese na ilegalidade da persecução administrativa-disciplinar contra o denunciante militar de boa-fé

O acoplamento estrutural do Sistema Político com o Sistema do Direito promoveu a incorporação de normas[344] de proteção ao denunciante, gerando expectativas normativas e cognitivas no sentido de resguardar os dados e fornecer mecanismos de feedback ao denunciante. Dentro do Sistema Militar, o EB se fechou operacional e cognitivamente, mantendo em sua programação sistêmica normas que vão de encontro às expectativas de sentido para proteção do denunciante. As irritações sistêmicas podem provocar uma interferência alopoiética do Sistema do Direito no Sistema Militar, caso ocorra uma persecução administrativa-disciplinar contra o denunciante militar de boa-fé, seguindo o previsto abstratamente na programação sistêmica do EB.

A análise jurídica realizada neste capítulo trata-se de uma perspectiva *in abstracto*[345] tendo em vista a impossibilidade fática de se verificar se já houve alguma punição aplicada ao militar do EB no contexto de persecu-

---

[344] *Lato sensu.*

[345] Para a pesquisa foi realizada uma consulta pelo Sistema de Ouvidoria do Departamento-Geral do Pessoal (DGP) para levantamento de dados no período de 28 de dezembro de 2018 até a data da reposta a ser confeccionada pelo órgão, que se deu em 30 de maio de 2022. As perguntas realizadas foram as seguintes: 1) Quantos militares foram punidos pela transgressão constante do número 6 (Não levar falta ou irregularidade que presenciar, ou de que tiver ciência e não lhe couber reprimir, ao conhecimento de autoridade competente, no mais curto prazo) do Anexo I do Regulamento Disciplinar do Exército (RDE)? (se for possível, gostaria que a resposta quantitativa fosse por postos e graduações); 2) É possível obter o dado sobre aplicação da punição de impedimento disciplinar ou de advertência com base no número 6 do Anexo I do RDE, utilizando o banco de dados do DGP? Em caso negativo, como poderia ser obtido esse dado? Seria um dado que demandaria trabalhos adicionais ao órgão? (essa pergunta se deu pelo fato de o impedimento disciplinar e da advertência não constarem das alterações do punido, sendo previsto apenas na ficha disciplinar individual); e 3) Houve algum caso de aplicação de punição com base no número 6 do Anexo I do RDE em que, concomitantemente, houve enquadramento no número 9 (Deixar de cumprir prescrições expressamente estabelecidas no Estatuto dos Militares ou em outras leis e regulamentos, desde que não haja tipificação como crime ou contravenção penal, cuja violação afete os preceitos da hierarquia e disciplina, a ética militar, a honra pessoal, o pundonor militar ou o decoro da classe) do Anexo I do RDE? (se for possível, gostaria que a resposta quantitativa fosse por postos e graduações). Em resposta o DGP informou que "não possui, em sua Base de Dados Corporativa do Pessoal (BDCP/DGP), as informações na forma em que foram solicitadas, visto que a BDCP é alimentada apenas com os quantitativos das punições sofridas e não com os motivos pelas quais foram aplicadas. Convém esclarecer que essa informação se encontra apenas com o militar e com a Organização Militar (OM) aplicadora da pena, ou com a OM em que o militar esteja servindo. Ressalta-se que, para um levantamento dessa natureza, seria necessária uma consulta a todas as Organizações Militares (OM) do Exército Brasileiro (cerca de 900 unidades militares), sem exceção, uma vez que a pesquisa seria manual, física, nas Fichas Individuais de todos os militares integrantes de cada OM, o que envolveria um grande número de servidores e muito tempo para consolidação dos dados, além de acarretar atrasos no cumprimento de outras atividades essenciais. Nesse contexto, pela dimensão e complexidade do tema, o DGP entende que a demanda exige trabalhos adicionais de análise e consolidação de dados, conforme previsão do inciso III do artigo 13 do Decreto n. 7.724, de 16 de maio de 2012, e, sendo assim, NÃO será possível atender ao pedido. O DGP permanece à disposição". Tendo em vista ser inviável o levantamento de punições referentes ao não cumprimento do canal de reporte determinado por regramento interno, a perspectiva *in abstracto* se faz necessária para o presente estudo.

ção administrativa-disciplinar contra o denunciante de boa-fé que não se utilizou do canal de reporte[346] preconizado pela Portaria nº 1.356, de 2 de setembro de 2019[347].

A redação atual da Portaria em questão[348] contém a indicação subliminar da impossibilidade de o militar realizar uma denúncia identificada pela Fala.BR, tendo em vista o Sistema de Ouvidoria não se destinar à solução de conflitos internos e não servir como órgão de comunicação entre o militar ou servidor civil e a alta direção, prevalecendo os mecanismos próprios, definidos na lei e nos regulamentos militares, existentes para essa finalidade, em dissonância com as leis e normativos vigentes sobre o tema.

O direito administrativo é um conjunto de normas que regem as relações endógenas da administração pública e as relações exógenas que são travadas entre ela e os administrados, em que temos como espécie o direito administrativo disciplinar militar. Para compreendermos melhor sua evolução, é necessário realizar um sobrevoo panorâmico das origens do direito administrativo para entendermos de onde surgiu, onde estamos e para onde se pretende chegar no contexto de evolução sistêmica, no qual esta pesquisa busca lastro teórico.

No EB podem ocorrer disfuncionalidades comunicativas oriundas do código binário cumprir/não cumprir missão, por meio de uma hermenêutica equivocada sobre segurança militar e supremacia do interesse público para atender objetivos da Instituição. Entender a origem do direito administrativo e sua evolução poderá provocar uma abertura cognitiva no Sistema Militar saneando possíveis disfuncionalidades comunicativas que podem dificultar reprogramações sistêmicas em busca da evolução e proteção sistêmica de interferências alopoiéticas.

A pesquisa visa, além de investigar a efetividade ou a inefetividade do Prg I-EB com relação ao funcionamento da Linha Ética, apontar caminhos para uma mudança de mentalidade institucional. Nesse mister, entender o caminho das comunicações sistêmicas dentro de uma circularidade entre

---

[346] No contexto do EB, canal de reporte é o dever legal de lealdade em informar ao superior hierárquico ou chefe imediato eventual irregularidade que o militar venha a tomar conhecimento, obedecendo formalidades próprias. Número 6 de seu Anexo I (Relação de Transgressões) — "Não levar falta ou irregularidade que presenciar, ou de que tiver ciência e não lhe couber reprimir, ao conhecimento de autoridade competente, no mais curto prazo." RDE. *Op. Cit.*

[347] Boletim do Exército n. 36, de 6 de setembro de 2019. BRASIL. Ministério da Defesa. Exército Brasileiro. **Secretaria-Geral do Exército - Boletins do Exército**. *Op. Cit.*

[348] Art 1º [...] § 3º A ouvidoria não se destina à solução de conflitos internos e não servirá como órgão de comunicação entre o militar ou servidor civil e a alta direção, prevalecendo os mecanismos próprios, definidos na lei e nos regulamentos militares, existentes para essa finalidade.

complexidade, seleção e contingência, como fórmula da evolução social, abrirá caminho para que a rigidez do próprio Subsistema do Direito castrense encontre meios para evoluir por meio do alinhamento dos atratores do Sistema Político com os do Sistema do Direito.

O direito administrativo surgiu como produto da Revolução Francesa[349], que foi um marco na história da humanidade, porque difundiu comunicações atinentes à universalização dos direitos sociais e liberdades individuais. A França forneceu o vocabulário e os temas da política liberal e radical-democrática para a maior parte do mundo. A ideologia do mundo moderno atingiu as antigas civilizações que tinham até então resistido às ideias europeias, inicialmente, por meio da influência francesa.[350]

Pelo contexto das comunicações sistêmicas da época, houve a predominância dos princípios da hierarquização e da centralização. Pela hierarquização temos a separação entre o representante, que exerce funções no âmbito político; e o funcionário, que atua no setor administrativo, totalmente subordinado à autoridade do Primeiro Cônsul. Quanto à centralização, a organização territorial do Estado Francês se uniformizou e simplificou, existindo em nível local um representante do poder central e totalmente subordinado a esse poder.

As irritações sistêmicas que levaram à Revolução Francesa justificaram a adoção de códigos que privilegiaram a hierarquia e a centralização política, pela necessidade de abolir a desordem existente na administração francesa, em decorrência do tumultuado processo revolucionário[351]. A França, que há pouco tempo era soberana na Europa, havia sido quase destruída por guerras internas. Nesse cenário, diante de mortes e fogo, surge uma figura que acalma e une a França: Napoleão Bonaparte, o general do povo. Entretanto, esse líder possuía tendência de concentração de poder e isso refletirá na formação do direito administrativo que surgia das decisões do Conselho de Estado Francês, acatadas pelo Chefe de Estado, pelo surgimento de obras e manuais; e pela criação da cátedra de direito público e administrativo em Paris, em 1819[352].

---

349 O nascimento do direito administrativo para muitos autores franceses, italianos e brasileiros se deu com a edição da Lei do 28 *pluviôse*, do ano VIII, cuja data é de 17 de fevereiro de 1800. Foi denominada de "constituição administrativa napoleônica". A França vivia o período revolucionário entre os anos de 1789 e 1799 que marcou o fim do absolutismo. Teve um caráter burguês e uma grande participação popular, atingindo um alto grau de radicalismo pela situação social que o povo francês enfrentava. MEDAUAR, Odete. **O direito administrativo em evolução**. 3. ed. Brasília: Gazeta Jurídica, 2017. p. 2.

350 HOBSBAWM, Eric. **A Era das Revoluções: 1789-1848**. Rio de Janeiro: Paz e Terra, 2014. p. 98.

351 Adaptação para a terminologia luhmanniana referente às comunicações sistêmicas realizada pelo autor. MEDAUAR, Odete. **O direito administrativo em evolução**. 3. ed. Brasília: Gazeta Jurídica, 2017. p. 3.

352 MEDAUAR, Odete. **O direito administrativo em evolução**. 3. ed. Brasília: Gazeta Jurídica, 2017. p. 4.

Podemos pensar em uma continuidade do modelo de Estado Absolutista anterior, mas pelas circunstâncias do tempo e lugar, ou seja, em um contexto historicizado, essas comunicações da Revolução Francesa tiveram papel disruptivo e, ao mesmo tempo, acoplado estruturalmente com os anseios do Sistema Político que vigia até a presente data. Houve uma evolução extremamente relevante quando o ato do governante, antes subjetivo no Estado Absoluto, passa para ato administrativo vinculado à lei, no Estado de Direito.

O Subsistema do Direito administrativo recém organizado, então, abriu-se cognitivamente, atendeu as expectativas do entorno (o ambiente, no caso, revolucionário) e por meio da seleção, reduziu a complexidade e ampliou a contingência. A incerteza sobre a adequação da seleção estimula novas decisões, aumentando a complexidade. Essa circularidade entre complexidade, seleção e contingência expressa a fórmula da evolução social que observamos desde a gênese do subsistema do Direito administrativo até os novos caminhos que permeiam esse intrigante ramo do Sistema do Direito.

O direito administrativo pela sua historicidade tem sido edificado sobre várias dicotomias, além da célebre oposição autoridade/liberdade, público/privado, indivíduo/coletividade, concentração/limitação de poder e legalidade/discricionariedade[353], conforme acoplamentos estruturais entre o Sistema da Política, o Sistema da Economia e o Sistema do Direito.

O Brasil inspirou sua codificação administrativista no modelo francês. O movimento de abertura política e a redemocratização culminou em uma Constituição promulgada pela Assembleia Nacional Constituinte, em 1988, substituindo a anterior (Constituição de 1967 com a Emenda Constitucional nº 1, de 1969). Essa Carta ampliou os direitos sociais e as atribuições do Poder Público.

A Constituição Federal de 1988[354] é o centro do ordenamento jurídico sendo o filtro mediante o qual toda lei e norma devem ser interpretadas. Entretanto, essa comunicação codificada em texto apresenta um paradoxo na evolução do pensamento jurídico, no sentido que as normas mais impor-

353 NETO, Floriano de Azevedo Marques. A bipolaridade no direito administrativo e sua superação. *In*: SUNDFELD, Carlos Ari; JURKSAITIS, Guilherme Jardim (org.). **Contratos Públicos e Direito Administrativo**. São Paulo: Gazeta Malheiros, 2015. p. 353-426.

354 BRASIL. **Constituição Federal**. Disponível em: http://www.planalto.gov.br/ccivil_03/constituicao/constituicao.htm. Acesso em: 10 jun. 2022.

tantes do ordenamento constitucional também são mais vagas e genéricas, conferindo margem para amplas divergências interpretativas e contribuindo para insegurança jurídica[355].

O acoplamento estrutural entre o Sistema Político e o Sistema do Direito culminou na edição da Lei de Introdução às Normas do Direito Brasileiro (LINDB)[356, 357], que possuiu disposições sobre segurança jurídica e eficiência na criação e na aplicação do direito público.

Destaca-se que as alterações promovidas na LINDB e posterior regulamentação[358] de alguns de seus dispositivos trouxeram parâmetros a serem observados quando as autoridades administrativas tomam decisões fundadas em cláusulas gerais ou conceitos jurídicos indeterminados, reduzindo subjetivismos e superficialidades nas manifestações decisórias. Além disso, observamos a ênfase no princípio da congruência, enquanto vetor da motivação das decisões e a observância obrigatória dos princípios da proporcionalidade e razoabilidade[359].

O art. 20 da LINDB homenageia o consequencialismo jurídico como vetor da segurança jurídica e interesse social e, no ordenamento jurídico, compatibilizou as decisões administrativas, controladoras[360] e judiciais ao constitucionalismo, estabelecendo o devido processo legal decisório[361].

---

[355] Exposição de Motivos do Projeto de Lei n. 7.448/2017 que resultou na Lei n. 13.655, de 25 de abril de 2018. BRASIL. Governo Federal. **Exposição de Motivos** – Projeto de Lei n. 7.448/2017. Disponível em: https://www.camara.leg.br/proposicoesWeb/prop_mostrarintegra?codteor=1598338&filename=PRL+1+CCJC+%3D%3E+PL+7448/2017. Acesso em: 10 jun. 2022.

[356] BRASIL. Lei n. 13.655, de 25 de abril de 2018. **Lei de Introdução às Normas do Direito Brasileiro**. Disponível em: http://www.planalto.gov.br/ccivil_03/_ato2015-2018/2018/lei/l13655.htm. Acesso em: 11 jun. 2022.

[357] BRASIL. Decreto-Lei n. 4.657, de 4 de setembro de 1942. **Lei de Introdução às Normas do Direito Brasileiro**. Disponível em: http://www.planalto.gov.br/ccivil_03/decreto-lei/del4657.htm. Acesso em: 11 jun. 2022.

[358] BRASIL. Decreto n. 9.830, de 10 de junho de 2019. **Regulamenta o disposto nos art. 20 ao art. 30 do Decreto-Lei n. 4.657, de 4 de setembro de 1942, que institui a Lei de Introdução às normas do Direito brasileiro**. Disponível em: http://www.planalto.gov.br/ccivil_03/_ato2019-2022/2019/decreto/D9830.htm. Acesso em: 15 jun. 2022.

[359] JUSTEN FILHO, Marçal. art. 20 da LINDB: dever de transparência, concretude e proporcionalidade. **Revista de Direito Administrativo**, Rio de Janeiro, Edição Especial: Direito Público na Lei de Introdução às Normas de Direito Brasileiro – LINDB (Lei n. 13.655/2018). Disponível em: https://bibliotecadigital.fgv.br/ojs/index.php/rda/article/view/77648. Acesso em: 15 jun. 2022. p. 13-41.

[360] Há entendimento de que, sob o ponto de vista controlador, o art. 20 poderá gerar o seu enfraquecimento, promover insegurança jurídica e premiar a ineficiência dos gestores públicos. *In*: OLIVEIRA, Júlio Marcelo de. Projeto de lei ameaça o controle da administração pública. **Consultor Jurídico**. Disponível em: https://www.conjur.com.br/2018-abr-10/projeto-lei-ameaca-controle-administracao-publica. Acesso em: 22 mar. 2023.

[361] JUSTEN FILHO, Marçal. Art. 20 da LINDB: dever de transparência, concretude e proporcionalidade. **Revista de Direito Administrativo**, Rio de Janeiro, Edição Especial: Direito Público na Lei de Introdução às Normas de Direito Brasileiro – LINDB (Lei n. 13.655/2018). Disponível em: https://bibliotecadigital.fgv.br/ojs/index.php/rda/article/view/77648. Acesso em: 15 jun. 2022.

Como norma de "sobredireito", temos sua aplicação integral ao Subsistema do Direito administrativo militar, por conseguinte, ao devido processo legal sancionatório-disciplinar castrense.

Como já demonstrado ao longo do texto, a ferramenta de denúncia deve assegurar, conforme as legislações mais modernas e atuais do país, a proteção dos denunciantes e a preservação do anonimato[362], inclusive fazendo uso da pseudonimização. Em uma análise teleológica da legislação, é possível concluir que essa proteção ao denunciante almeja alcançar tanto as comunicações externas ao EB quanto as comunicações internas[363].

O trabalho traz um achado de pesquisa secundário que visa ao aperfeiçoamento do Prg I-EB para o fortalecimento de sua imagem institucional a longo prazo, tendo em vista a evolução normativa referente ao controle social, consubstanciado em uma proposta de alteração do Sistema de Ouvidoria do Exército Brasileiro (EB) estabelecido pela Portaria nº 1.356, de 2 de setembro de 2019[364]. Sua adequação e atualização propostas foram baseadas no *enforcement* das normas protetivas aos denunciantes de boa-fé e na preservação do seu anonimato. Além disso, foi realizada consulta à CGU[365] em que se buscou esclarecer sobre denúncia realizada pela Fala-BR, na qual o usuário-denunciante realiza a denúncia logado, ou seja, a CGU tem conhecimento de quem ele é e de qual órgão pertence.

No contexto normativo que rege os integrantes do EB, observamos um dever legal de lealdade para informar ao superior hierárquico ou chefe imediato eventual irregularidade que venha a tomar conhecimento, constituindo um canal de reporte e obedecendo formalidades próprias.

---

362 Podemos citar o Decreto n. 10.153, de 3 de dezembro de 2019; a Lei n. 12.846, de 1º de agosto de 2013; a Lei n. 13.460, de 26 de junho de 2017; a Lei n. 13.608, de 10 de janeiro de 2018; o Decreto n. 9.492, de 5 de setembro de 2018; o Decreto n. 10.153, de 3 de dezembro de 2019; a Instrução Normativa n. 18, de 3 de dezembro de 2018; a Instrução Normativa n. 19, de 3 de dezembro de 2018; e a Portaria n. 581, de 9 de março de 2021. *Op. Cit.*

363 BRASIL. Decreto n. 10.153, de 3 de dezembro de 2019. *Op. Cit.*

364 O quadro comparativo com a atual Portaria nº 1.356, de 2 de setembro de 2019 e as propostas de alteração com as respectivas justificativas já estão de posse do Estado-Maior do Exército.

365 Em atendimento à manifestação realizada na Fala.BR, a CGOUV — Coordenação-Geral de Orientação e Acompanhamento de Ouvidorias, responsável pelo monitoramento da Unidades do SISOUV — Sistema de Ouvidoria do Poder Executivo Federal, disponibilizou os seguintes esclarecimentos: "Em resposta a solicitação informa-se que compete às unidades que compõem o Sistema de Ouvidoria do Poder Executivo federal (SisOuv) assegurar a proteção da identidade e dos elementos que permitam a identificação do usuário de serviços públicos ou do autor da manifestação, conforme preceitua o art. 24 do Decreto nº 9.492/2018. Desta forma, os elementos de identificação do denunciante, independentemente de ser servidor, são preservados desde o recebimento da denúncia. Na hipótese de a denúncia ser de matéria alheia à competência do órgão ao qual a ouvidoria está vinculada, o encaminhamento com elementos de identificação do denunciante entre unidades do SisOuv será precedido de consentimento do denunciante, nos termos do Decreto nº 10.153/2019. Convém esclarecer que a ouvidoria deve encaminhar a denúncia a outra unidade SisOuv, quando a manifestação não for de sua competência, mesmo sem o consentimento, sendo necessária a pseudonimização. (CGOUV - Coordenação-Geral de Orientação e Acompanhamento de Ouvidorias)".

No EB nos deparamos com uma antinomia imprópria estabelecida entre o combate à corrupção, instrumentalizado por um efetivo canal de denúncia capaz de fazer a depuração de eventuais desvios de conduta; com os preceitos da disciplina e da hierarquia tuteladas pelo Regulamento Disciplinar[366] e a tutela de bens jurídicos, em especial a lealdade ao EB e à proteção da administração pública e do erário. Essa antinomia, operado pelo metacódigo de excluir da possibilidade de o militar realizar uma denúncia identificada pelo Sistema da Fala.BR implica definição de um programa de integridade simbólico[367] ou mesmo *sham programs*[368].

A antinomia imprópria, nesse caso, é devida ao fato de não haver uma proibição do militar de atuar conforme as normas de combate à corrupção constantes do ordenamento jurídico pátrio e o regramento disciplinar castrense, ainda que a ele se contraponha. O que ocorre é um conflito que se descortina entre a consciência do intérprete da norma e o comando posto, sendo esperado que sua consciência não o deixe acomodar-se em aplicar a norma que não reste amparada pelo espírito maior e conglobante do ordenamento jurídico pátrio[369].

A consciência do intérprete pode ser influenciada pelo "agir militar" de forma conflituosa. O "agir militar" se enquadra dentro do espectro da consciência coletiva e do inconsciente cultural do Sistema Militar, a depender do processo psíquico envolvido, produzindo comunicações funcionais ou disfuncionais.

No caso do "agir militar" levar o integrante do Sistema Militar a alimentar internamente uma antinomia imprópria de que se realizar uma denúncia de uma irregularidade fora do canal de reporte estaria em dissonância com as normas, em especial, ferindo a lealdade, estaríamos no campo do inconsciente cultural, que acabou por dominar a sua manifestação comportamental[370], contribuindo negativamente para a efetividade do Prg

---

[366] RDE. *Op. Cit.*

[367] Aproveito o conceito de constitucionalização simbólica elaborado pelo professor Marcelo Neves e faço uma adaptação para uma normatização simbólica, aqui representada pelo programa de integridade incapaz de se operacionalizar no Sistema do Direito, como direito positivado; e no Sistema da Política, como valor. NEVES, Marcelo. **A constitucionalização simbólica**. São Paulo: Biblioteca Jurídica WMF, 2011.

[368] *Sham programs* ou programas "para inglês ver". *In*: OLIVEIRA, Gustavo Justino; VENTURINI, Otávio. Programas de integridade na nova Lei de Licitações: parâmetros e desafios. **Consultor Jurídico**. Disponível em: https://www.conjur.com.br/2021-jun-06/publico-pragmatico-programas-integridade-lei-licitacoes. Acesso em: 20 set. 2022.

[369] FURTADO, Emmanuel Teófilo; CAMPOS, Juliana Cristine Diniz. As Antinomias e a Constituição. **Publica Direito**. Disponível em: http://www.publicadireito.com.br/conpedi/manaus/arquivos/anais/salvador/emmanuel_teofilo_furtado.pdf. Acesso em: 15 jun. 2022.

[370] O inconsciente cultural seria a parte não percebida e racionalizada da consciência coletiva.

I-EB. Sistemicamente, teríamos uma comunicação velada, ou seja, que não se externalizou para o Sistema Militar e, inevitavelmente, não provocará uma abertura cognitiva e um fechamento operativo. Muito menos, ainda, uma possível evolução sistêmica por meio de uma reprogramação[371].

No caso do "agir militar" levar o militar a tomar uma decisão de não denunciar com receio de algum tipo de retaliação[372], passaríamos para o campo da consciência coletiva, que provocaria o medo, conduzindo para uma inação.

Ao irromper e descortinar o conflito entre os conteúdos do consciente e do inconsciente seria possível uma comunicação sistêmica capaz de provocar abertura cognitiva, fechamento operativo e uma possível evolução sistêmica por meio de reprogramações visando a uma efetividade do Prg I-EB.

O próprio Manual de Campanha Liderança Militar[373]traz a lealdade como um valor relacionado com atitudes de solidariedade à Instituição ou ao grupo a que se pertence e se manifesta pela verdade no falar, pela sinceridade no agir e pela fidelidade no cumprimento do dever e das responsabilidades assumidas. Para que a lealdade entre os integrantes de um grupo militar seja estabelecida, há a necessidade de tê-la perante a Instituição e aos homens, pela reciprocidade. Ao conjugar com o valor militar da integridade de caráter ou probidade[374], que é o valor moral identificado como o mais importante, porque condensa todos os demais, temos a qualidade daquele a quem nada falta do ponto de vista moral e sugere a ideia de um caráter sem falhas. Como preconiza o normativo castrense, o militar íntegro ou probo deve ser honrado, honesto, verdadeiro, justo, respeitoso e leal. Em relação ao respeito, temos a submissão ao estado democrático de direito e ao império das leis. Na ilegalidade não há reciprocidade que pavimente

[371] Este trabalho não chegou ao ponto de investigar se a manutenção dessa antinomia imprópria dentro do inconsciente cultural é proposital ou decorrente da disfuncionalidade comunicativa oriunda do código binário cumprir/não cumprir missão, por meio de uma hermenêutica equivocada sobre segurança militar e supremacia do interesse público para atender aos objetivos da Instituição.

[372] Em conversa com um 1º Tenente Oficial Técnico Temporário a respeito do tema da pesquisa obtive um dado muito significativo pela resposta que foi dada categoricamente. Discorri sobre o que estava pesquisando e perguntei se ele falaria para seu superior hierárquico sobre uma irregularidade que tivesse presenciado. Em resposta categórica ele disse que seria complicado, pois teria "medo de perder o emprego". Aproveitando a oportunidade, indaguei se o Exército tivesse um canal que garantisse o anonimato, se ele faria a denúncia da irregularidade que viu e ele respondeu "ai sim, tenho que garantir o pão das crianças" em tom descontraído. Percebi um receio de sofrer retaliação pelo ato de relatar uma irregularidade presenciada e um incômodo por eu ter perguntado sobre o tema.

[373] Portaria do Estado-Maior do Exército n. 102, de 24 de agosto de 2011, publicada no Boletim do Exército n. 35 de 2011. BRASIL. Ministério da Defesa. Exército Brasileiro. **Secretaria-Geral do Exército - Boletins do Exército**. *Op. Cit.*

[374] BRASIL. Ministério da Defesa. Exército Brasileiro. **Vade-Mécum de Cerimonial Militar do Exército**. Valores, Deveres e Ética Militares (VM 10). *Op. Cit.*

a lealdade. Portanto, um canal de denúncia dentro do EB não abalaria a disciplina e a hierarquia por não ferir a lealdade. De igual forma não afeta a segurança militar.

O controle externo, representado pelo Tribunal de Contas da União (TCU), tem assentado que a hierarquia e a disciplina não podem ser usadas como supedâneo para a prática de atos ilegais, porquanto, tal conduta subverteria por completo a noção de que a relação entre as pessoas deve seguir o império das leis. Não existe ordem, tampouco disciplina, onde se subverte a obediência à lei[375]. Além disso, o TCU incentiva o implemento de linhas de defesa interna que poderiam evitar a atuação da Corte de Contas, em um duplo esforço, podendo ser instrumentalizada por meio dos canais de denúncias[376].

Por meio de uma auto-observação do próprio Subsistema do Direito castrense percebemos que o valor consubstanciado no combate à corrupção e instrumentalizado por canais de denúncia e proteção aos denunciantes de boa-fé não foram operacionalizados pelo EB, como fator de legitimidade para a fórmula de contingência.

A evolução de criar um programa de integridade no EB ocorreu por meio do silêncio, ou seja, os valores positivados pelas adesões e internalizações das legislações anticorrupção não foram cumpridos na totalidade, pois se operou um metacódigo que meaditizou todos os outros por meio da inclusão/exclusão. O canal de denúncia operado pela Fala.BR, caso seja realizado com identificação de seu denunciante de boa-fé, é permitido para cidadãos fora da Força Terrestre (inclusão), mas "não permitido" ao militar do EB (exclusão), tendo em vista a sua necessidade de reportar, amparada por uma antinomia imprópria que atua em seu Sistema Psíquico.

Tanto é assim que o Regulamento Disciplinar[377] define como transgressão disciplinar, no número 6 de seu Anexo I (Relação de Transgressões), o fato de "não levar falta ou irregularidade que presenciar, ou de que tiver ciência e não lhe couber reprimir, ao conhecimento de autoridade competente, no mais curto prazo".

---

375 "É dizer, diante de uma situação em que confrontados o dever de hierarquia e a legalidade, como é exatamente o caso de que ora se cuida, seria imperiosa a opção por esta última, pois não existe ordem, tampouco disciplina quando se subverte a obediência à lei." BRASIL. Tribunal de Contas da União. **Acórdão 756/2022-TCU - Plenário**. Disponível em: https://pesquisa.apps.tcu.gov.br/#/documento/acordao-completo/*/NUMACORDAO%253A756%2520ANOACORDAO%253A2022/DTRELEVANCIA%2520desc%252C%2520NUMACORDAOINT%2520desc/0/%2520. Acesso em: 16 set. 2022.

376 BRASIL. Tribunal de Contas da União. **Acórdão 1293/2022-TCU - Plenário**. Disponível em: https://pesquisa.apps.tcu.gov.br/#/documento/acordao-completo/*/NUMACORDAO%253A1293%2520ANOACORDAO%253A2022/DTRELEVANCIA%2520desc%252C%2520NUMACORDAOINT%2520desc/0/%2520. Acesso em: 16 set. 2022.

377 RDE. *Op. Cit.*

Há no rol de prováveis transgressões que o integrante do EB pode ser enquadrado por ter optado em utilizar a ferramenta de denúncia da Fala.BR, a possibilidade do enquadramento no Nr 9 do Anexo do Regulamento Disciplinar[378], que é um tipo aberto de uma transgressão classificada como grave, podendo ensejar desde prisão disciplinar até o licenciamento ou exclusão a bem da disciplina. Trata-se de deixar de cumprir prescrições expressamente estabelecidas no Estatuto dos Militares ou em outras leis e regulamentos, desde que não haja tipificação como crime ou contravenção penal, cuja violação afete os preceitos da hierarquia e disciplina, a ética militar, a honra pessoal, o pundonor militar ou o decoro da classe. Nesse ponto, destaco a aviltamento da lealdade à Instituição que representa inobservância da ética castrense, passível de reprimenda severa e que faz parte da antinomia imprópria já esclarecida, mas que reflete no "agir militar" como elemento anímico.

A formação moral dos integrantes militares do EB os impele a um padrão ético, além de um normativo repressivo castrense extremamente rígido nos preceitos da disciplina, da hierarquia, dos deveres, valores, ética militares e a um "agir militar", que acabam por inibir uma iniciativa de denunciar irregularidade, por receio das consequências do ato[379].

Ao aplicar os critérios basilares de solução da chamada incompatibilidade de normas[380], no caso específico o critério da hierarquia, verificaremos que as normas de combate à corrupção e proteção do denunciante de boa-fé possuem prevalência em comparação ao normativo que trata sobre Ouvidoria no EB, no caso, a Portaria do Comandante do Exército nº 1.356, de 2 de setembro de 2019. Percebemos que uma portaria, ato normativo que não inova no ordenamento jurídico, estabelece a indicação subliminar da impossibilidade de o militar realizar uma denúncia identificada pelo sistema da Fala.BR, tendo em vista o Sistema de Ouvidoria não se destinar à solução de conflitos internos e não servir como órgão de comunicação entre o militar ou servidor civil e a alta direção, prevalecendo os mecanismos próprios, definidos na lei e nos regulamentos militares, existentes para essa finalidade[381]. Isso não lhe dá força normativa para

---

378 O art. 22 do RDE classifica a transgressão disciplinar prevista no número 9 do Anexo I sempre como grave. *Ibid.*

379 Consciência coletiva.

380 Os critérios são: o hierárquico, o da especialidade, o da especificidade e o cronológico.

381 A finalidade mencionada na norma trata do aspecto da comunicação subordinado-superior que é regida por lei e regulamentos militares. Não trata da possibilidade de realização de denúncia pela Fala.BR, pois a Ouvidoria preconiza unicamente o Canal de Reporte (vulnerabilidade para a efetividade do Prg I-EB). § 3º do art. 1ª da Portaria do Comandante do Exército n. 1.356, de 2 de setembro de 2019. Publicada no Boletim do Exército n. 36 de 2019. BRASIL. Ministério da Defesa. Exército Brasileiro. **Secretaria-Geral do Exército - Boletins do Exército**. *Op. Cit.*

subsidiar um enquadramento no RDE[382], em caso de o militar denunciante de boa-fé optar por não utilizar o canal de reporte levando diretamente ao seu superior hierárquico ou chefe imediato uma irregularidade presenciada.

A opção pelo código de "exclusão" dos integrantes da instituição em poderem utilizar a Fala.BR em toda sua potencialidade, militares ou civis[383], faz alusão a uma interpretação restritiva ao correlacionar os diversos regulamentos existentes no EB, em especial, o seu RDE.

Portanto, *in abstracto* uma denúncia realizada pela plataforma Fala.BR não poderia ensejar uma interpretação e enquadramento nessa transgressão disciplinar, por não ter o militar utilizado o canal de reporte, notificando seu chefe imediato. Em entendimento seguinte, não poderia, de igual forma, por análise discricionária do aplicador da norma legalmente investido dessa prerrogativa, realizar o enquadramento no número 9 do Anexo I do Regulamento Disciplinar[384], que é uma transgressão grave, que poderia ensejar desde prisão disciplinar até o licenciamento ou exclusão a bem da disciplina.

As próprias alterações na LINDB trazem a necessidade de ênfase no princípio da congruência enquanto vetor da motivação das decisões e a observância obrigatória dos princípios da proporcionalidade e razoabilidade. A decisão deverá ser motivada com a contextualização dos fatos, quando cabível, e com a indicação dos fundamentos de mérito e jurídicos. Nesse ponto, uma persecução administrativa-disciplinar motivada pelo descumprimento de determinação de utilização do canal de reporte estabelecido por portaria já fulminaria a hierarquia das normas e o consequencialismo jurídico, como vetor da segurança jurídica e interesse social. No ordenamento jurídico ocorreria uma descompatibilização da decisão administrativa com o constitucionalismo, ferindo de morte o devido processo legal decisório.

[382] Número 6 de seu Anexo I (Relação de Transgressões) — "Não levar falta ou irregularidade que presenciar, ou de que tiver ciência e não lhe couber reprimir, ao conhecimento de autoridade competente, no mais curto prazo". RDE. *Op. Cit.*

[383] Nesta pesquisa limito-me a tratar dos militares, entretanto, dentro do EB temos a presença de civis servidores públicos regidos pela Lei n. 8.112, de 11 de dezembro de 1990 ou contratados para serviço temporário e excepcional pela Lei n. 8.745, de 9 de dezembro de 1993. Ambos, também, possuem o dever de lealdade ao EB de reportar irregularidades de que tiverem ciência em razão do cargo ao conhecimento da autoridade superior ou, quando houver suspeita de envolvimento dessa, ao conhecimento de outra autoridade competente para apuração. Em ambos os casos, o ato de denunciar pela Fala.BR pode ser enquadrado como infração ao dever de lealdade de reportar irregularidades, pela subsunção do art. 116, II, da Lei n. 8.112, de 11 de dezembro de 1990, mesmo que fruto de uma antinomia imprópria.

[384] "Deixar de cumprir prescrições expressamente estabelecidas no Estatuto dos Militares ou em outras leis e regulamentos, desde que não haja tipificação como crime ou contravenção penal, cuja violação afete os preceitos da hierarquia e disciplina, a ética militar, a honra pessoal, o pundonor militar ou o decoro da classe". No caso em análise, o aplicador da punição disciplinar poderia enquadrar como deslealdade ao chefe imediato e, por consequência, atentado à honra pessoal, componente da ética militar. *Ibid.*

A LINDB é de aplicação obrigatória ao subsistema do Direito administrativo militar, por conseguinte, ao devido processo legal sancionatório-disciplinar castrense.

Com base na teoria luhmanniana, a existência de um código de inclusão/exclusão de cidadãos[385] a uma ferramenta de denúncia é capaz de impor uma barreira aos sistemas e impedir sua evolução em relação ao caminhar para um programa de integridade efetivo. Entretanto, as irritações entre sistemas continuarão até que ocorra a autopoiése ou, na recalcitrância de se operar o acoplamento estrutural entre a política e o direito, ocorra alguma forma de alopoiese. Há a necessidade de abertura cognitiva dos sistemas funcionais da sociedade, com a exigência de abertura cognitiva e aprendizado para evitar decisões disfuncionais.[386]

A abertura cognitiva é indispensável para a autopoiesis do direito, consistindo na reprodução do direito pelo próprio direito[387], proporcionando a continuidade de um sistema. Um sistema não adaptado ao seu entorno, ou seja, ao seu ambiente, pode dedicar muita energia para funcionar e tende a desaparecer ou ser corrompido por meio da alopoiese. A abertura cognitiva do subsistema jurídico castrense operado pelo EB viabilizará o próprio direito de construir sua complexidade interna em contínuo intercâmbio como seu entorno, aqui representado pela sociedade. A abertura cognitiva, nesse caso concreto, é primordial para a proteção da imagem institucional do EB a longo prazo, tendo em vista o senso crítico exercido pelo controle social, podendo colocar em dúvida seu Prg I-EB.

Segundo a teoria luhmanniana, o Sistema do Direito é um Sistema cuja operação está ligada à auto-observação da diferença sistema/ambiente e que reproduz mediante sua operação e que volta a introduzi-la no sistema com a ajuda do *distinguish* entre sistema (autorreferência) e o ambiente (heterorreferência), estabilizando expectativas normativas por meio da generalização temporal, objetiva e social[388].

---

385 Nesse contexto, trato os cidadãos de maneira lato sensu, sem diferenciá-los em civis e militares.

386 VIANA, Ulisses Schwarz. O confronto da jurisdição constitucional com seus limites autopoiéticos: o problema do ativismo judicial alopoiético na teoria dos Sistemas. *In*: Direito Público: **Revista Jurídica da Advocacia-Geral do Estado de Minas Gerias**, v. 15, n. 1, jan./dez. 2018. Disponível em: https://www.academia.edu/40374907/O_CONFRONTO_DA_JURISDI%C3%87%C3%83O_CONSTITUCIONAL_COM_SEUS_LIMITES_AUTOPOI%C3%89TICOS_O_PROBLEMA_DO_ATIVISMO_JUDICIAL_ALOPOI%C3%89TICO_NA_TEORIA_DOS_SISTEMAS. Acesso em: 15 jun. 2022.

387 SILVA, Artur Stamford da. **10 Lições sobre Luhmann**. Petrópolis: Vozes, 2021.

388 SILVA, Artur Stamford da. **10 Lições sobre Luhmann**. Petrópolis: Vozes, 2021.

A normatização referente ao programa de integridade para a sociedade brasileira caminha para incentivar cada vez mais o controle social das organizações por meio do acoplamento estrutural entre elas e a sociedade. Ao Sistema do Direito cabe a operacionalização desses normativos anticorrupções internalizados ao arcabouço legal brasileiro por meio da fórmula de contingência, representada pela justiça. Paralelo a isso, ao Sistema da Política, cabe a fórmula de contingência do controle social e transparência sobre os atos das organizações.

A argumentação dogmática tenta resolver problemas por meio do código regra/exceção. A dogmática seguida ao extremo pode enrijecer e inviabilizar a interpretação. Quem decide o direito está na sociedade e é uma de suas funções. A adaptabilidade do sistema requer uma ponderação entre rigidez e flexibilidade. É possível existir decisões inovadoras, como fórmula de contingência, para casos inovadores. A dogmática não é um mero elemento da subsunção da norma ao caso concreto como uma função transversal e única, há de se verificar a regra e suas exceções em uma função horizontal, gerando estabilidade e adaptabilidade.

Quando realizada a denúncia por meio da plataforma Fala.BR de forma identificada, ela terá um acompanhamento da CGU e feedback para o denunciante do andamento da apuração. A simples possibilidade de um denunciante de boa-fé, militar, integrante do EB correr o risco de sofrer algum tipo de reprimenda vai de encontro ao que estabelece os normativos sobre o tema[389]. O papel das irritações sistêmicas irá influenciar uma busca por acoplamentos estruturais por meio de atratores dos sistemas sociais envolvidos na busca pelo combate à corrupção, adaptando a norma castrense à realidade, afastando a antinomia imprópria existente.

---

[389] Nesse ponto destaco a pseudonimização para proteger o denunciante de boa-fé. Conforme visto antes, destaco o compromisso de que "[...] cada Estado Parte considerará a possibilidade de incorporar em seu ordenamento jurídico interno medidas apropriadas para proporcionar proteção contra todo trato injusto às pessoas que denunciem ante as autoridades competentes, de boa-fé e com motivos razoáveis, quaisquer feitos relacionados com os delitos qualificados de acordo com a presente Convenção" (art. 33). BRASIL. Decreto n. 5.687, de 31 de janeiro de 2006. *Op. Cit.*

4

ANÁLISE DOS DADOS

A análise que será realizada na sequência será qualitativa, relacionando critérios jurídico-hermenêutico-antropológicos, conceitos e teoria sistêmica aos dados coletados na documentação produzida e pesquisada, além de impressões colhidas pelo pesquisador no Diário de Pesquisa, com a finalidade de responder ao problema proposto estabelecido em três hipóteses, segundo as quais:

1ª Hipótese) O Prg I-EB é efetivo em relação ao canal de reporte estabelecido por determinação normativa atendendo à programação do Sistema Militar.

2ª Hipótese) O público interno desconhece o Prg I-EB e o Sistema de Ouvidoria do EB, dificultando a iniciativa de sua implantação.

3ª Hipótese) O Prg I-EB, em relação ao canal de reporte preconizado pela Ouvidoria do EB, não cumpre sua finalidade por disfuncionalidade comunicativa devido ao receio dos militares em levar alguma irregularidade ao seu chefe ou superior imediato e sofrerem algum tipo de retaliação.

Para o prosseguimento da leitura e para melhor compreensão do resultado da pesquisa, é interessante percorrer o faseamento da observação participante empregada para a coleta de dados, que se deu em três fases.

A primeira etapa foi o transporte do pesquisador-nativo do Sistema Militar para o Sistema Jurídico, em que foi observado o Sistema-Nativo por um ângulo onde ele, por si só, não tem capacidade de auto-observação. Por ser um pesquisador-nativo, foram facilitadas a observação e a familiaridade com o "agir militar", sendo necessário um exercício de sensibilidade e flexibilidade para situações não esperadas[390].

[390] No projeto inicial da pesquisa, havia a previsão de aplicação de um *Survey*, descritivo, de corte transversal, onde a unidade de análise será o militar da ativa, por seleção randômica dentro da amostra, estratificada e não proporcional, pois se daria por adesão à participação, sendo garantido o anonimato. Após os atentados à democracia do dia 8 de janeiro de 2023 contra os três Poderes da República, se sucederam uma série de questionamentos de atuação do EB nesse contexto. A aplicação do *Survey* passou a poder trazer resultados distorcidos da realidade, sendo descartado do processo de pesquisa.

A segunda etapa se deu por meio de contextualização antropológica do ambiente militar para a compreensão dessa realidade social e possíveis reflexos nas suas programações sistêmicas, que poderiam ter relação com a (in)efetividade do Prg I-EB, em especial, sua linha ética. Foi operacionalizada tomando por base a elevada complexidade social da relação entre civis e militares, captada por estudos etnográficos realizados por cientistas sociais civis.

A contextualização antropológica produziu um achado secundário de pesquisa ao relacionar o "agir militar" como produto do espectro da consciência coletiva e do inconsciente cultural do Sistema Militar, a depender do processo psíquico envolvido, produzindo uma antinomia imprópria que ocorre na consciência do militar (parte aflorável do comportamento militar) e no inconsciente cultural militar (parte submersa do comportamento militar) em relação ao tema denúncia.

A terceira etapa, da qual esse capítulo se dedicará, irá, qualitativamente, sistematizar e organizar os dados coletados por meio da teorização nas funcionalidades dos sistemas, na operação fechada e na cognição aberta. Ao irromper o conflito entre os conteúdos do consciente e do inconsciente poderá ser possível uma conciliação para a evolução sistêmica por meio da reprogramação do Prg I-EB.

A análise qualitativa buscará, sinergicamente, a interação do compreender, do interpretar e do dialetizar. A compreensão sobre a (in)efetividade do Prg I-EB em relação à sua linha ética se dará pela imersão do pesquisador-nativo na singularidade do "agir militar" para alcançar aspectos presentes na consciência coletiva e no inconsciente cultural castrense.

Desse modo, como paradigma para a análise, o militar tornar-se-á um sistema autopoiético de acoplamento estrutural psíquico e biológico que opera por meio da consciência em sentido lato[391]. Ao apropriar-se da compreensão do "agir militar" ocorrerá a projeção das interconexões dos dados, promovendo possibilidade interpretativa sobre a (in)efetividade do Prg I-EB em relação à sua linha ética. Para facilitar o entendimento do sentido do Sistema Militar, foram dialetizados os códigos binários de sua programação sistêmica que estão relacionados direta ou indiretamente com o tema da pesquisa[392].

391 O inconsciente cultural militar (parte submersa do comportamento militar) também guia, subliminarmente, a consciência em sentido lato.

392 Por conter programações sistêmicas voltadas para comunicações inerentes ao conflito e uso diferenciado da força letal, somados ao fato de sua subordinação ao Sistema Político, o Sistema Militar é complexo e pode conter outros códigos binários não dialetizados na pesquisa. Um exemplo dessa complexidade

Por didática[393], optou-se por analisar qualitativamente os dados coletados na documentação produzida e pesquisada e das impressões colhidas pelo pesquisador no Diário de Pesquisa na ordem em que foram registradas. Além disso, houve uma seleção dos dados mais importantes durante a sistematização e organização da análise qualitativa[394].

4.1 Análise qualitativa da coletânea de documentação produzida e coletada

O EB realiza um planejamento e execução anual de Cursos de Pós-Graduação Stricto Sensu em instituições de ensino superior civis com um trâmite burocrático complexo e volátil[395]. Ao identificar o problema de pesquisa, ainda em sua fase bruta[396], este pesquisador procurou adaptar sua linha investigativa aos interesses do EB e, em particular ao do DEC, OM que servia à época (2020). Dessa forma, provocou o EB para apreciar o tema de pesquisa "*Compliance* no Sistema de Engenharia do Exército (SEEx): Boas práticas nos instrumentos de parceria e convênios" em que, de maneira conglobante, analisaria o Prg I-EB dando ênfase para o tema denúncia em relação a instrumentos de parceria e convênios que o DEC realiza com órgãos civis, para, em um momento posterior, projetar os estudos para o Sistema Militar como um todo. A tramitação das documentações[397] não

---

está presente no subsistema jurídico castrense, onde há a possibilidade de se apenar à morte em caso de crime militar em tempo de guerra, conforme alguns tipos penais no Livro II do Código Penal Militar. Ao longo do texto, os códigos binários entre aspas são códigos captados por cientistas sociais, mesmo que não tinham tal intenção. Os códigos binários não contidos entre aspas são dialetizações produzidas pelo presente trabalho.

[393] Essa forma foi escolhida para que o leitor possa acompanhar a teorização desenvolvida com o relacionamento fático registrado durante a pesquisa na ordem crescente dos registros captados.

[394] Tendo em vista as múltiplas formas de coleta de dados, houve a necessidade de uma seleção para a análise pormenorizada, entretanto, o "todo" é importante para conhecimento da realidade sócio-jurídica investigada.

[395] Ao se propor um tema para estudo, existe um trabalho de campo para convencimento do comando nos diversos níveis de tramitação da documentação. Dentro do EB, ocorrem constantes trocas de comando e, com isso, há uma mudança de mentalidade diretiva e de prioridades; e é nesse sentido que a volatilidade se enquadra. Por vezes, um trabalho de campo de convencimento é perdido com a troca de comando.

[396] O cerne da pesquisa era a abordagem da linha ética mais voltada ao tema denúncia. Para tentar uma possível aprovação do projeto no âmbito do EB, houve uma ampliação do escopo de forma a mitigar a abordagem direta ao tema-problema denúncia, por ser sensível e imerso de uma antinomia imprópria que mitifica o assunto.

[397] Trata-se dos seguintes documentos: DIEx n. 253-CADESM/DECEx — CIRCULAR, de 10 de dezembro de 2020; DIEx n. 705-A1/DEC, de 31 de dezembro de 2020; FNCE — 2022 anexa ao DIEx n. 705-A1/DEC, de 31 de dezembro de 2020; DIEx n. 65-A1/DEC, de 10 de fevereiro de 2021; Fragmento do Descritivo do Curso de Pós-Graduação Stricto Sensu anexo ao DIEx n. 705-A1/DEC, de 31 de dezembro de 2020; e Portaria — EME/C Ex n. 460, de 4 de agosto de 2021. Aprova o Plano de Cursos e Estágios em Estabelecimentos de Ensino Civis Nacionais para o ano de 2022 (PCE-EECN/2022). A exposição dos documentos foi suprimida para dar maior fluidez na leitura.

lograram êxito no trabalho de convencimento e autorização para pesquisa de forma financiada pelo EB. Como dado de pesquisa, ocorreu um desinteresse na comunicação provocada pela proposta de pesquisa, deixando o Sistema Militar fechado cognitivamente para possibilidades de uma possível reprogramação e evolução sistêmica.

Este pesquisador tomou a decisão de autofinanciar a pesquisa e recortou o tema para o constante neste trabalho[398]. Nova comunicação sistêmica[399] foi realizada ao reintroduzir o assunto por meio de solicitação para realizar consultas no DEC e em suas Diretorias sobre o assunto de pesquisa, ainda em sua fase bruta[400]. Houve aproveitamento e adaptação do Projeto de Pesquisa e a solicitação para a realização de consultas e pesquisas no âmbito do DEC, com o objetivo de operacionalizar o Prg I-EB no SEEx na sua missão de cooperação com o desenvolvimento nacional, contribuindo para prevenir, detectar e responder a problemas de desvio de normas estabelecidas[401]. Aqui foi lançada a base para o aprofundamento da pesquisa na linha ética relacionada à denúncia, de forma subliminar e comunicacional (irritação sistêmica para o tema). Houve preocupação e sensibilidade comunicativa do pesquisador em abordar o tema subliminarmente, tendo em vista a disfuncionalidade comunicativa oriunda do código binário "amigo/inimigo", que poderia relacionar o estudo como uma atuação de um IVO no EB e acabar por prejudicar o seu andamento, restringindo acesso a documentos internos.

A tramitação do documento solicitando autorização para pesquisa no âmbito do DEC[402] foi direcionada, inicialmente, ao Senhor Vice-Chefe do DEC com a necessidade de despacho verbal sobre o assunto a ser pesquisado[403]. Posteriormente, a documentação seguiu o canal de comando aos

398 Como o Projeto de Pesquisa já estava configurado para tentar atrair o interesse do EB, fugindo diretamente do tema denúncia, foi submetido à apreciação no processo seletivo de Pós-Graduação Stricto Sensu no estado em que se encontrava, sendo aprovado, mas já com indicativos que o recorte se daria em torno da linha ética (canais de denúncia).

399 Aqui representada por solicitação ao Departamento de Engenharia e Construção para o desenvolvimento da pesquisa.

400 Nessa fase, o projeto de pesquisa ainda guardava a configuração para tentativa de financiamento pelo EB.

401 Número 9 do DIEx n. 157-A6/ DEC, de 26 de agosto de 2021: "Solicito autorização para realizar consultas e pesquisas no Departamento e nas Diretorias que lidam com Instrumentos de Parceria e Convênios para melhor atingir o objetivo de operacionalizar o Programa de Integridade do Exército Brasileiro (Prg I-EB) no SEEx na sua missão de cooperação com o desenvolvimento nacional, contribuindo para prevenir, detectar e responder à possíveis problemas de desvio de normas estabelecidas".

402 Na tramitação interna do DIEx n. 157-A6/ DEC, de 26 de agosto de 2021 foram realizados 94 encaminhamentos, sendo que 75 foram visualizados (79,8%) e 19 não foram (20,2%).

403 As impressões colhidas no despacho verbal farão parte do subcapítulo 4.2, a seguir.

níveis subordinados com autorização para a pesquisa. Fato que proporcionou a coletânea de documentação usada para análise neste livro. Ao percorrer os acessos e conhecimentos por parte dos militares subordinados ao DEC e Diretorias do Departamento percebemos que dos 94 encaminhamentos, 75 foram visualizados (79,8%) e 19 não foram (20,2%). Houve uma perda significativa na ordem de divulgação e consequente conhecimento da pesquisa. Disfuncionalidades comunicativas oriundas do código binário cumprir/não cumprir missão podem provocar uma seletividade de assuntos a se debruçar. Com isso, pode levar o militar a pensar que o assunto que não está diretamente relacionado com o que faz, levando-o a considerar como assunto "rolha"[404]. Esse comportamento faz com que o EB perca uma visão holística comunicacional e a possiblidade de promover aberturas cognitivas para uma evolução sistêmica. Essa disfuncionalidade acabou por refletir na divulgação e no conhecimento do Prg I-EB por parte dos integrantes do EB e será tratado no próximo subcapítulo.

No prosseguimento da pesquisa, o EB promoveu uma possibilidade de abertura cognitiva sobre o assunto Ouvidoria, onde solicitou propostas para a minuta da Diretriz do Sistema de Ouvidoria do EB[405]. Ao perquirir a minuta enviada pelo EME, este pesquisador verificou que o seu conteúdo é idêntico ao da Portaria — C Ex nº 1.356, de 2 de novembro de 2019, que institui a Ouvidoria do Exército Brasileiro[406]. No mesmo documento do EME[407]foram citados normativos de referência para embasamento das propostas de alteração da Diretriz do Sistema de Ouvidoria do EB. Entretanto, todos eles já estavam vigentes por ocasião da edição da Portaria — C Ex nº 1.356, de 2 de novembro de 2019, o que leva a conclusão de que sua criação seguiu disfuncionalidades comunicativas oriundas dos códigos binários "amigo/inimigo", lealdade/deslealdade, cumprir/não cumprir missão e disciplina/indisciplina ao não adotar a Fala.BR como meio de recebimento de manifestações provenientes do público interno, determinando, para isso, apenas o canal de reporte.

---

[404] O termo "rolha" no linguajar castrense significa inútil e desnecessário.

[405] DIEx n. 25968-SI.4 /2 SCh/EME — CIRCULAR, de 31 de agosto de 2022. Documento segundo o qual o Estado-Maior do Exército solicita sugestões para a Minuta da Diretriz do Sistema de Ouvidoria do Exército.

[406] Portaria que trata da Ouvidoria do EB.

[407] DIEx n. 25968-SI.4 /2 SCh/EME — CIRCULAR, de 31 de agosto de 2022. Documentos anexos ao DIEx: Minuta da Diretriz do Sistema de Ouvidoria do Exército Brasileiro; Decreto n. 9.492, de 5 de setembro de 2018; Portaria do Comandante do Exército n. 1.356, de 2 de setembro de 2018; Instrução Normativa n. 18 de 3 de dezembro de 2018; Instrução Normativa n. 19 de 3 de dezembro de 2018; Lei n. 12.527, de 18 de novembro de 2011; Lei n. 13.460, de 26 de julho de 2017; e Instrução Normativa n. 5, de 18 de junho de 2018.

Além disso, os normativos vigentes à época já desestimulavam o recebimento de manifestação diretamente pelas áreas envolvidas nos processos apuratórios ou pelas áreas gestoras dos serviços ou políticas objeto das manifestações. Pela sinergia das disfuncionalidades comunicativas anteriormente citadas, houve a criação de uma redação na Portaria da Ouvidoria do EB em que a denúncia deve ser levada ao conhecimento do comandante, chefe ou diretor de OM. Essa particularidade coloca em risco a apuração da denúncia no caso hipotético do denunciado ser o comandante, chefe ou diretor da OM. Nesse caso, o tratamento da denúncia pelo controlador externo, no caso a CGU, seria mais adequado[408]. A denúncia seria encaminhada ao Comando do EB, que designaria o agente público responsável pela investigação, podendo ser o comandante da organização militar, mas não havendo obrigatoriedade que ele tenha conhecimento do teor da denúncia, dependendo da hipótese em que possa estar envolvido no fato denunciado.

Nesse ponto é importante revisitar uma questão antropológica atinente ao termo "forjar" o "agir militar". Na contextualização antropológica passamos por uma citação etnográfica sobre a conduta de "colar" na prova, que no meio militar foi "forjada" para que não ocorra mais, reforçado pelos seus mecanismos de dissuasão, operados pelo código binário dissuasão/persuasão existente no EB[409]. Entretanto, tal fato não mudou o inconsciente do Cadete[410] (base onde se estrutura a consciência — lembrai-vos da associação com a figura do iceberg). Esse cadete, assim como todos os quadros do EB, é forjado para um "agir militar", mas se dentre eles existirem "maçãs podres"[411], o fato de praticar uma irregularidade pode ocorrer, a depender de circunstâncias em que o *enforcement* do código binário dissuasão/persuasão falhar. Eis um ponto vulnerável e inefetivo do Prg I-EB.

---

408 Tal procedimento poderia evitar a possibilidade de haver corporativismo institucional na apuração da denúncia.

409 O código binário dissuasão/persuasão tem uma atuação *interna corporis* quando o assunto é a disciplina. Ele atua subliminarmente na possibilidade e/ou aplicação do RDE.

410 "E se eu estivesse estudando aí fora naturalmente eu estaria colando, assim como eu colava antes de entrar pra cá." Esse cadete, como diversos outros com essa mentalidade forjada para não cometer desvios, foi e continuará sendo formado, pois o EB abarca um estrato da sociedade com suas virtudes e mazelas. Pelo fluxo de carreira, uma boa parcela formada será comandante, chefe ou diretor de OM. Será que o código binário dissuasão/persuasão será capaz de impedir que sua totalidade não cometa desvios? E se a disfuncionalidade comunicativa oriunda do cumprir/não cumprir missão os levarem a cometer irregularidades administrativas em prol de objetivos da instituição? Um *enforcement* dissuasório por meio de um canal de denúncia efetivo pode mitigar o aparecimento ou mesmo revelação de "maças podres" no EB ou, ainda, coibir a disfuncionalidade comunicativa que produz os "cumpridores de missão a todo custo".

411 O termo "maçã podre" no linguajar militar significa o militar que foi mal forjado, não incorporando e massificando os valores cultuados pelo EB.

Outro ponto correlacionado é o caso da possibilidade de surgimento dos "cumpridores de missão a todo custo", inclusive inobservando normas legais. São movidos por disfuncionalidades comunicativas oriundas do código binário cumprir/não cumprir missão devido a um idealismo deturpado, que acabam por levar a segurança militar a sobrepujar a segurança jurídica. Não há segurança militar sem segurança jurídica. No Sistema Militar podem ser vistos e ou avaliados "positivamente" de forma hierárquica ascendente e descendente. Para proteção da gestão administrativa e do erário público, a possibilidade de que isso ocorra deve ser combatida. O Prg I-EB no modelo de sua Linha Ética atual é vulnerável nesse ponto e inefetivo.

Como achado secundário de pesquisa foram realizadas diversas propostas para a Diretriz do Sistema de Ouvidoria do EB[412] adequando-a ao que existe de mais atual em matéria normativa sobre ouvidoria e canais de denúncia, com o objetivo de provocar uma irritação comunicativa, abertura cognitiva e reprogramação sistêmica militar para que se evite algum tipo de interferência alopoiética no Sistema Militar, oriunda do Sistema do Direito ou até mesmo do Sistema Político.

Durante a pesquisa instrumentalizada pela observação participante, este pesquisador procurava promover uma abertura cognitiva no EB por intermédio de comunicações fundamentadas em normas com integrantes do EME, responsáveis por atualizações e reformulações normativas *interna corporis*. Passando a integrar a AMAN[413], essa observação participante foi interrompida, mas com um bom suporte de dados coletados para se chegar à resposta ao problema de pesquisa[414].

O INFORMEx nº 41[415] refletiu uma disfuncionalidade comunicativa do código binário "amigo/inimigo" e dos códigos binários constitucionais apolítico/político e apartidário/partidário em que o Alto Comando do EB foi vítima.

> Incumbiu-me o Senhor Comandante do Exército de informar à Força que, nos últimos dias, têm sido observadas postagens em aplicativos de mensagens com alusões mentirosas e mal-

[412] O quadro comparativo com a atual Portaria nº 1.356, de 2 de setembro de 2019 e as propostas de alteração com as respectivas justificativas já estão de posse do Estado-Maior do Exército.

[413] Documento do EB que nomeou o autor para ser instrutor da AMAN no biênio 2023-2024 na função de professor da Cadeira de Direito.

[414] Esse dado é importante, pois nesse momento, a observação participante (com postura ativa diante dos fatos) foi encerrada e iniciou-se a fase de sistematização e organização os dados coletados por meio da teorização nas funcionalidades dos sistemas, na operação fechada e na cognição aberta. Posteriormente, outros documentos foram colacionados, por chegarem ao conhecimento do pesquisador (situação passiva diante dos fatos) e terem sido julgados importantes para a pesquisa.

[415] Documento onde o Exército Brasileiro esclarece o público interno.

> -intencionadas a respeito de integrantes do Alto Comando do Exército. Tais publicações têm se caracterizado pela maliciosa e criminosa tentativa de atingir a honra pessoal de militares com mais de quarenta anos de serviços prestados ao Brasil, bem como de macular a coesão inabalável do Exército de Caxias. Ao tentarem de forma anônima e covarde disseminar desinformação no seio da Força e da Sociedade, esses grupos ou indivíduos apenas atestam sua falta de ética e de profissionalismo. O Exército Brasileiro permanece coeso e unido, sempre em suas missões constitucionais, tendo na Hierarquia e na Disciplina de seus integrantes o amálgama que o torna respeitado pelo Povo Brasileiro, seu fiador.

A conturbação do Sistema Político[416] pode ter provocado mecanismos de guerra híbrida para tentar impor uma vontade não democrática e acabou dominando um espectro da narrativa, trazendo as Forças Armadas para o centro do debate político e sendo alvo de ataques aos seus comandantes, por atuarem constitucionalmente diante da situação. Esses eventos implicaram retração defensiva das Forças Armadas, em especial do EB, que inevitavelmente fizeram com que o planejamento da pesquisa fosse alterado por risco de captação distorcida da realidade. Esse tipo de disfuncionalidade que atribui a condição de IVO ao integrante do EB foi captada pela pesquisa e provocou na sua condução um cuidado, sensibilidade e flexibilidade para que essa alcunha não fosse atribuída ao pesquisador, tendo em vista o método de observação participante empregado. Essa peculiaridade da pesquisa é importante para a análise dos dados relativos a (in)efetividade do Prg I-EB em relação à sua linha ética, que trata do tema denúncia. Paixões e narrativas oriundas de disfuncionalidades comunicativas sistêmicas devem ser isoladas para que seja observado o fenômeno Linha Ética de maneira imparcial e realística, sob o ângulo de um observador de segunda ordem. Qualquer discussão sobre o tema é de bom alvitre que tenha esse cuidado técnico, sob o risco de permanecer o Sistema Militar incapaz de abrir-se cognitivamente aos resultados de pesquisas desse gênero[417].

A partir da apresentação deste pesquisador na sua nova OM, a postura investigativa passou a ter um caráter passivo diante dos fatos. Nesse contexto, chegaram dois documentos de conteúdo relevante para a pesquisa que foram colacionados e agora analisados.

---

[416] Nas eleições gerais ocorridas no Brasil em outubro do ano de 2022, a derrota do presidente em exercício provocou insatisfação de parte da sociedade brasileira.

[417] Esse modelo de pesquisa poderá abrir novas perspectivas e novas frentes investigativas sobre a efetividade de algumas programações sistêmicas militares com o escopo de evolução sistêmica, bastando replicar o modelo mental de investigação.

O EB reconhece que o Prg I-EB é pouco difundido[418] e que a normatização sobre a Ética Militar está distribuída em diversos normativos. Isso tem levado a resultados imprecisos em pesquisas governamentais sobre o tema Integridade e recomenda divulgação do Prg I-EB. Esse fato comprova a 2ª Hipótese de que o público interno desconhece o Prg I-EB e o Sistema de Ouvidoria do EB, dificultando a iniciativa de sua implantação, tornando-o inefetivo.

Uma das premissas para a avaliação do Prg I-EB pontuada no capítulo 3 foi justamente a pulverização de normativos que dificulta o conhecimento exato do que vem a ser a integridade no EB. De maneira ampla, foram pinçados alguns desses normativos que fazem referência a cada um dos pilares de um *compliance* didático. A centralização e referência em um normativo único, estabelecendo uma programação sistêmica de integridade é um ponto para a evolução do Sistema Militar. Paralelamente, pode ser um dos fatores de pouca divulgação, que é uma vulnerabilidade contribuinte para a inefetividade do Prg I-EB. Esse ponto afasta a 1ª Hipótese de que o Prg I-EB é efetivo em relação ao canal de reporte estabelecido por determinação normativa atendendo à programação do Sistema Militar.

Dentro do EB ocorrem trocas de comando em todos os níveis, inclusive no Comando da Força. O novo Comandante do EB divulgou a Diretriz e Intenção do Comandante do Exército para o período de 2023 a 2026. Nela podemos extrair algumas programações sistêmicas consubstanciadas por meio de códigos binários.

Encontramos o código binário: dissuasão/persuasão[419] que pode se relacionar com a dificuldade de abordagem do tema denúncia dentro do EB, tendo em vista que a estratégia militar de dissuasão evita expor possíveis

[418] DIEx n. 1075-SSPG/Sec Ens/Ch Gab — CIRCULAR, de 20 de agosto de 2021. Sobre o assunto Programa de Integridade, o documento trazia o seguinte: [...] no Exército Brasileiro, embora tenha sido pouco difundido ao público interno, o Plano de Integridade do Exército Brasileiro, 1ª Edição, 2018, aprovado pela Portaria Nº 316- EME, de 30 de novembro de 2018, regula o assunto, utilizando-se de termos e conceitos técnicos adotados pelo Governo Federal; os assuntos referentes à Ética Militar estão internalizados no público interno do EB e são normatizados por diversos regulamentos, que utilizam-se de jargão próprio e consagrados pela Instituição; e o problema levantado pelo EME, com base em pesquisas realizadas pelo Governo, que atualmente são por meio da Internet, os militares consultados não têm o conhecimento da existência e do teor da Portaria que trata especificamente do assunto, levando-os a responder com os conceitos internalizados pela Ética Militar, conduzindo a resultados imprecisos nas pesquisas governamentais.

[419] Trechos da Diretriz do Comandante do Exército: "[...] o Exército Brasileiro (EB), [...] Deve possuir uma capacidade militar que forneça ao Estado brasileiro as ferramentas dissuasórias necessárias para resguardar seus interesses e seu território, contribuindo para o desenvolvimento nacional nos limites de suas atribuições constitucionais. [...] O fortalecimento do Poder Militar Terrestre constitui-se no grande elemento dissuasório para um país continental como o Brasil. [...] Aprimorar as capacidades de proteção, de pronta resposta e de dissuasão e incorporar novas capacidades, a fim de manter a F Ter em condições de neutralizar eventuais ameaças à soberania nacional, provenientes de diferentes matizes. [...] No mundo que se configura, em que a competição prevalecerá sobre a cooperação, as Forças Armadas representam o pilar da soberania e da liberdade de ação para o Brasil. Nesse contexto, o Exército prosseguirá com as ações que visam aumentar sua operacionalidade, manterá seu estado de prontidão e a sua presença dissuasória, fortalecerá sua coesão, assim como incrementará a sua contribuição para o desenvolvimento tecnológico nacional".

vulnerabilidades que podem ser descobertas por um sistema de denúncia com um controlador externo (CGU). Entretanto, irregularidades e infrações legais, como já abordadas, não se justificam pelo subterfúgio de uma pretensa segurança militar ou de objetivos "nobres" dos possíveis idealistas exacerbados "cumpridores de missão a todo custo".

Paralelamente, encontramos o código binário presença/ausência[420], que, sinergicamente, potencializa esse código binário, tendo em vista o EB trabalhar a mobilidade estratégica de seu pessoal.

Outro ponto importante da Diretriz é a presença em sua programação sistêmica e em sua operação dos códigos binários constitucionais apolítico/político e apartidário/partidário, que trazem isenção institucional e, nesse ponto, podem favorecer para que se evolua sistemicamente o Prg I-EB, trazendo efetividade para sua linha ética.

A busca por efetivação dessa programação sistêmica, implica, necessariamente, afastamento do Sistema Político, que opera com o código binário "governo/oposição", sob o risco de levar o EB[421], novamente, ao centro de narrativas típicas de mecanismos de guerra híbrida, que tem como escopo enfraquecer o poder militar. Além disso, turvam o inconsciente cultural de falácias provenientes de antinomias impróprias e ideários distorcidos, considerando como possíveis IVO integrantes do Sistema Militar, que buscam efetividade Institucional por meio do controle social. Essa disfuncionalidade comunicativa pode indicar que a 3ª Hipótese de que o Prg I-EB, em relação ao canal de reporte preconizado pela Ouvidoria do EB, não cumpre sua finalidade devido ao receio dos militares em levar alguma irregularidade ao seu chefe ou superior imediato e sofrerem algum tipo de retaliação.

---

420 Trecho da Diretriz do Comandante do Exército: "[...] Manter e aprimorar a Estratégia da Presença, por meio de uma criteriosa articulação das organizações militares (OM), associada à mobilidade estratégica, de forma a proporcionar a capacidade de a Força se fazer presente, desenvolvendo a mentalidade de Defesa e fortalecendo a integração com a sociedade".

421 O INFORMEx nº 41 trouxe o seguinte conteúdo de esclarecimento ao público Interno do Exército Brasileiro: "Incumbiu-me o Senhor Comandante do Exército de informar à Força que, nos últimos dias, têm sido observadas postagens em aplicativos de mensagens com alusões mentirosas e mal-intencionadas a respeito de integrantes do Alto Comando do Exército. Tais publicações têm se caracterizado pela maliciosa e criminosa tentativa de atingir a honra pessoal de militares com mais de quarenta anos de serviços prestados ao Brasil, bem como de macular a coesão inabalável do Exército de Caxias. Ao tentarem de forma anônima e covarde disseminar desinformação no seio da Força e da Sociedade, esses grupos ou indivíduos apenas atestam sua falta de ética e de profissionalismo. O Exército Brasileiro permanece coeso e unido, sempre em suas missões constitucionais, tendo na Hierarquia e na Disciplina de seus integrantes o amálgama que o torna respeitado pelo Povo Brasileiro, seu fiador".

4.2 O Diário de Pesquisa: Análise qualitativa sobre as impressões colhidas, os despachos verbais, as manifestações em grupos de mensagens e os achados de pesquisa

O início da pesquisa foi motivado para melhorar a gestão da integridade do EB.[422] Desde o início da pesquisa até o término da coleta de dados não foi observada nenhuma iniciativa para comunicação do Prg I-EB no âmbito interno da Instituição, afastando a 1ª Hipótese e confirmando a 2ª Hipótese. Como já abordado, a publicação de uma portaria no Boletim do Exército não garante o seu conhecimento efetivo para toda a força, por possível disfuncionalidade comunicacional oriunda do código binário cumprir/não cumprir missão, que pode causar uma seletividade de leitura sobre a gama de informações disponibilizadas, semanalmente, no Boletim do Exército. O militar pode até ter visualizado que o Prg I-EB foi normatizado, entretanto, pode entender que não está diretamente voltado às suas "missões", considerando-o "rolha".

O assunto denúncia dentro do EB é visto com receio devido à antinomia imprópria decorrente do "agir militar". O integrante do EB, movido pelo inconsciente cultural, pode ter sido dominado em sua manifestação comportamental, provocando uma consciência militar de que se realizar uma denúncia de uma irregularidade fora do canal de reporte estaria em dissonância com as normas, em especial, ferindo a lealdade, contribuindo negativamente para a efetividade do Prg I-EB. Essa interferência do inconsciente cultural foi captada pela inquietação percebida no despacho de tramitação do documento que solicitava autorização para pesquisa[423].

O tema denúncia é diretamente relacionado com o "cuidado com o IVO"[424]. Essa interpretação equivocada de que o militar que venha a praticar o ato de reportar ou denunciar seja considerado um IVO, perante a coletividade, causa

---

[422] Inicialmente, buscou-se uma sensibilização da chefia do DEC para autorizar a realização de consultas e pesquisas no Departamento e em suas Diretorias, que lidam com Instrumentos de Parceria e Convênios para melhor atingir o objetivo de operacionalizar o Prg I-EB no Sistema de Engenharia do Exército (SEEx), na sua missão de cooperação com o desenvolvimento nacional, contribuindo para prevenir, detectar e responder a possíveis problemas de desvio de normas estabelecidas. Foi explicado que o recorte de pesquisa se baseava no estudo sobre canais de denúncia e de sua importância para qualquer programa de *compliance*. Posteriormente, o universo do trabalho foi ampliado para o EB como um todo e o recorte do tema para canais de denúncia.

[423] No despacho verbal sobre o conteúdo do DIEx nº 157-A6/DEC, de 26 de agosto de 2021, que tratava sobre autorização para pesquisa, ao tratar do tema denúncia, percebi uma inquietação do Senhor Vice-Chefe do DEC, mas ele autorizou a pesquisa, me desejou boa sorte e fez o comentário de que o tema seria desafiador.

[424] Em conversa com um general da reserva remunerada, em tom de brincadeira, o oficial general falou para que eu tomasse "cuidado com o IVO". Me disse para levar em consideração durante a pesquisa que a Instituição prepara homens para a guerra e que não cabe contestar ordens. Guardei essa fala, pois é uma preocupação minha ao abordar o tema denunciante de boa-fé sem que se fira a disciplina e a hierarquia, pilares das Forças Armadas. É o ponto mais desafiante e sensível da pesquisa: entender e levantar caminhos para o acoplamento estrutural do Sistema da Política com o Sistema Militar no tocante aos compromissos assumidos pelo Brasil no cenário internacional no combate à corrupção.

receio e pode inibir a iniciativa de controle social *interna corporis*. A pesquisa captou esse receio por meio de reações tanto em relação ao pesquisador[425] quanto em relação a militares temporários[426]. Nesse ponto, há uma vulnerabilidade do Prg I-EB, pois em sua estrutura administrativa há uma parcela considerável de militares temporários que operam função pública administrativa típica e pode ser suscetível, de alguma forma, a cometer irregularidades por duas vias.

A primeira é antropológica atinente ao termo "forjar" o "agir militar" do militar temporário. Sua formação militar é muito breve no quesito "forjar", diferente com o que ocorre com os quadros do EB. Como já tratado, o EB possui seus mecanismos de dissuasão, operados pelo código binário dissuasão/persuasão[427] que são trabalhados de forma mais rápida na formação do militar temporário em relação ao militar de carreira. Entretanto, a despeito de uma formação mais demorada e de uma mais curta, ambos podem ficar sujeitos a praticar irregularidade, dependendo de circunstâncias em que o *enforcement* do código binário dissuasão/persuasão falhar.

Outra situação de vulnerabilidade do Prg I-EB envolvendo militares temporários é sua posição hierárquica inferior em relação ao possível "militar cumpridor de missão a todo custo". No caso de uma disfuncionalidade comunicativa no código binário cumprir/não cumprir missão devido a um idealismo deturpado, esse superior hierárquico pode vir a pressionar um militar mais moderno a realizar atividades em dissonância com normas legais ou de maneira improba para atingir objetivos da Instituição sob o manto da segurança militar[428]. Ambas as vias analisadas afastam a 1ª Hipótese e podem confirmar a 3ª Hipótese. Além disso, pode ocorrer o fenômeno de "subserviência cega".[429]

---

425 Em conversas em grupos de mensagem com integrantes militares sobre o assunto denúncia no EB, recebi reações com uma figura de melancia e comentário que a pesquisa era bastante inoportuna para o momento político que o país passava. Recebi a figura de um desenho de um boneco Playmobil escrito: "você é um comunistinha"; demonstrando como tratar do tema denúncia dentro do EB é desafiador e disruptivo.

426 Em conversa com um 1º Tenente Oficial Técnico Temporário a respeito do tema da pesquisa obtive um dado muito significativo pela resposta que foi dada categoricamente. Discorri sobre o que estava pesquisando e perguntei se ele falaria para seu superior hierárquico sobre uma irregularidade que tivesse presenciado. Em resposta categórica ele disse que seria complicado, pois teria "medo de perder o emprego". Aproveitando a oportunidade, indaguei se o Exército tivesse um canal que garantisse o anonimato, se ele faria a denúncia da irregularidade que viu e ele respondeu "ai sim, tenho que garantir o pão das crianças" em tom descontraído. Percebi um receio de sofrer retaliação pelo ato de relatar uma irregularidade presenciada e um incômodo por eu ter perguntado sobre o tema. Nesse ponto, há de se investigar a ocorrência pontual ou generalizada do fenômeno e constituiu uma limitação da pesquisa realizada.

427 Nesse ponto, me refiro aos mecanismos dissuasórios *interna corporis* do RDE.

428 Há de se investigar, nessa hipótese, se o objetivo é, realmente, a segurança militar ou um possível interesse pessoal do militar mais antigo. Conforme já tratado, há a possibilidade de que os "cumpridores de missão a todo custo" tenham uma avaliação positiva no sentido ascendente e descendente da hierarquia militar, podendo proporcionar frutos no desenvolvimento da carreira.

429 "Subserviência cega" hipoteticamente, pode ser exemplificada quando "os cumpridores de missão a todo custo" tentam "agradar" o superior hierárquico não contestando de forma disciplinada eventual ordem fora dos trâmites legais. Pode ocorrer com aquele militar que não quer contrariar o comandante, chefe ou diretor de OM.

Por fim, a intenção do Comandante do Exército para o período de 2023-2026[430] é acelerar as ações de transformação e de modernização do EB para enfrentar ameaças mais relevantes ao Brasil, contribuindo para o desenvolvimento nacional. Analisando sistemicamente, temos uma oportunidade de abertura cognitiva e fechamento operativo com possibilidade de reprogramações para contribuição do desenvolvimento do país. Os desafios do futuro englobam o *modus operandi* que o EB deve lidar com o hibridismo dos conflitos[431], sendo que, dentro desse contexto, a luta sempre será por legitimidade! Nada tão genuíno para operar o apoio da população brasileira como um Prg I-EB efetivo e vetor de boas práticas para a administração pública como um todo, aproveitando a capilaridade territorial que a Instituição possui.

4.3 A (In)efetividade da Linha Ética no Exército Brasileiro

A análise jurídica-hermenêutica-antropológica mesclando conceitos e Teoria Sistêmica aos dados coletados na documentação produzida e pesquisada, além de impressões colhidas pelo pesquisador no Diário de Pesquisa, embasaram a resposta ao problema proposto estabelecido em três hipóteses, sendo de bom alvitre trazê-las novamente:

1ª Hipótese) O Prg I-EB é efetivo em relação ao canal de reporte estabelecido por determinação normativa atendendo a programação do Sistema Militar.

2ª Hipótese) O público interno desconhece o Prg I-EB e o Sistema de Ouvidoria do EB, dificultando a iniciativa de sua implantação.

3ª Hipótese) O Prg I-EB, em relação ao canal de reporte preconizado pela Ouvidoria do EB, não cumpre sua finalidade por disfuncionalidade comunicativa devido ao receio dos militares em levar alguma irregularidade ao seu chefe ou superior imediato e sofrerem algum tipo de retaliação.

[430] "Minha intenção é acelerar as ações de transformação e de modernização do Exército Brasileiro que proporcionem capacidades para enfrentar as ameaças mais relevantes ao País e contribuam para o desenvolvimento nacional. Também, continuar o processo de fortalecimento da coesão interna, valorizando a Família Militar, a dimensão humana e o culto aos valores e às tradições. E, ainda, manter os elevados índices de operacionalidade e de confiabilidade alcançados pela Força, para que o Exército de Caxias esteja permanentemente pronto para responder aos desafios de hoje e, ao mesmo tempo, prepare-se oportunamente para aqueles do amanhã."

[431] Em tempo de guerra e de paz. Tempo de guerra seria o período com presença de conflito armado.

A pesquisa e os dados coletados caminham para a conclusão de que a Linha Ética do Programa de Integridade do Exército Brasileiro é inefetiva sob a perspectiva societal luhmanniana, antropológica e normativa decorrente de antinomia imprópria que interfere na consciência do militar.

Foi afastada a 1ª Hipótese em que o Prg I-EB seria efetivo em relação ao canal de reporte estabelecido por determinação normativa atendendo a programação do Sistema Militar.

Foram confirmadas a 1ª e a 2ª Hipóteses em que o público interno desconhece o Prg I-EB e o Sistema de Ouvidoria do EB, dificultando a iniciativa de sua implantação; e que o Prg I-EB, em relação ao canal de reporte preconizado pela Ouvidoria do EB, não cumpre sua finalidade.

Percorremos ao longo do texto diversas disfuncionalidades comunicativas que contribuem para a inefetividade do Prg I-EB do qual podemos retomá-los na sequência.

A "família militar" com os seus mecanismos de controle social e de posturas de seus integrantes podem interferir no controle endógeno institucional, principalmente quando esses "irmãos por escolha" acreditam, disfuncionalmente, que quem realiza uma denúncia de ato irregular dentro do EB é um IVO.

O "recrutamento endógeno" potencializa um sentimento de pertença ao EB, como Instituição e como extensão familiar, agindo psicossocialmente na abordagem receosa que o EB tem sobre o tema denúncia, na sua resistência à mudança, dificultando sua evolução sistêmica e contribuindo para a inefetividade nesse ponto do seu Prg I.

O etnocentrismo e a ideia equivocada que o militar tem de ser superior ao civil enquanto coletividade traz uma cortina de fumaça para uma análise sem paixões sobre o tema denúncia e acaba por influir no processo programático castrense de Ouvidoria para não contemplar, expressamente, a possibilidade e incentivo à denúncia em um canal de controle externo como a Fala.BR.

A disfuncionalidade do código binário bélico "amigo/inimigo" do Sistema Militar causa interpretação equivocada desse comando programático, levando a imaginar que críticos do EB ou mesmo denunciantes sejam considerados IVO. Além disso, somado às disfuncionalidades operativas do código binário dissuasão/persuasão, podem desenvolver um certo preconceito com relação à atividade acadêmica, principalmente àquelas voltadas para as ciências sociais, pois são elas que exploram o universo humano e podem expor vulnerabilidades, como a evidenciada por este estudo em relação à Linha Ética do Prg I-EB.

A preocupação com a imagem do EB é zelada por todos os seus integrantes por meio de um patrulhamento dos comportamentos *interna corporis* e *externa corporis* de maneira "totalizante", potencializado pela visão dual "amigo" ou "inimigo" e temperado pelo protecionismo do código binário dissuasão/persuasão. A avaliação de possíveis "ameaças" pode ocasionar dúvidas interpretativas e, como medida cautelosa, sua classificação será como inimigo institucional. A "reação de forma padronizada" acaba por reverberar uma antinomia imprópria de que um denunciante dentro do EB, disfuncionalmente é considerado um IVO, inibindo um controle social endógeno efetivo.

O canal de reporte preconizado pela Ouvidoria do EB não privilegia o anonimato e gera no militar mais moderno um receio de denunciar. Percebemos pelos dados coletados que quando se garante o anonimato há uma abertura para tratar de certos temas dentro do EB, inclusive a depuração social promovida pela denúncia, por meio de órgão de controle externo.

Disfuncionalidades comunicativas relacionadas ao código binário treinamento/adestramento podem intensificar uma consciência coletiva de que todos os integrantes do EB compartilham da mesma ética, esvaziando posturas e condutas relacionadas ao tema da denúncia, por entendimento equivocado de que irregularidades não ocorreriam em um ambiente "uniformizado" de ética militar.

O rigor dissuasório dentro do EB é praticado desde os bancos escolares como uma "forja" do "agir militar". Os dados de pesquisa demonstram que a conduta militar proba é "forjada" para que prevaleça, mas não garante sua efetividade em determinadas circunstâncias e oportunidades ocasionadas pela falibilidade do caráter humano. Uma reprogramação sistêmica na Linha Ética do Prg I-EB poderia contemplar expressamente a denúncia, dando efetividade e potencializando o efeito dissuasório para que a conduta proba esperada ou mesmo "forjada" seja reforçada, garantindo um "agir militar" sustentado.

No meio militar o código binário cumprir/não cumprir missão toma proporções elevadas, transcendendo a execução de uma simples tarefa cotidiana, passando a constituir uma programação sistêmica alicerçada em um ideal a ser alcançado e reportado ao superior que "pagou" a missão. Disfuncionalidades comunicativas desse código devido a um idealismo deturpado produzem um tipo de "militar cumpridor de missão a todo custo" que pode prejudicar uma postura proba em determinadas circunstâncias, mitigando uma mentalidade *compliance* quando o assunto é denúncia de irregularidades, atuando para a inefetividade do Prg I-EB. Esse tipo de disfuncionalidade atribui à falta de lealdade o ato de denunciar, pois o militar comprometido com os interesses do EB pode ter que fazer algo não exatamente legal para alcançar o objetivo Institucional, ignorando a segurança jurídica a uma pretensa segurança militar. Há a possibilidade, também, do "militar cumpridor de missão a todo custo" travestir seu objetivo pessoal como sendo um objetivo institucional, já que disfuncionalidades comunicativas indicam que o militar pode ser bem-visto de forma ascendente e descendente na hierarquia militar, auferindo reconhecimento para a carreira. O entendimento antinômico impróprio na classificação do militar denunciante como IVO pode ser usado para mitigar denúncias e, possivelmente, pressionar militares mais modernos ou temporários a executarem tarefas em desacordo com a lei, atuando no inconsciente cultural e no consciente coletivo do Sistema Militar. Essas disfuncionalidades comunicativas minam a efetividade do Prg I-EB.

Por fim, interferências do código binário "governo/oposição" no Sistema Militar promovem disfuncionalidades comunicativas no próprio Sistema Político de origem e, principalmente, no Sistema Militar, por conflituosidade desse código com os códigos binários constitucionais apolítico/político e apartidário/partidário garantidores de instituições nacionais permanentes e regulares, organizadas com base na hierarquia e na disciplina. Os acoplamentos estruturais do Sistema Civil[432] com o Sistema Militar trabalham por meio de irritações sistêmicas de alta voltagem e produzem, por vezes, disfuncionalidades comunicativas pela intensidade de interações e significações. O tema denúncia dentro de uma instituição de estado (EB), contaminada por disfuncionalidades comunicativas de códigos provenientes da política interferem em uma possibilidade de evolução sistêmica a depender do grau de contaminação comunicativa presente. Nesse ponto, o tema denúncia não é bem-visto por atrapalhar a manipulação política de uma instituição de estado para objetivos de governo, prejudicando a evolução programática no sentido de maior controle social.

A lealdade deve se dar na órbita institucional, homens erram pela falibilidade humana e sofrem influência de disfuncionalidades comunicativas. Um denunciante no EB não pode ser considerado um IVO, e isso

[432] Aqui faço, didaticamente, um agrupamento dos demais Sistemas Sociais diversos do Sistema Militar.

ocorrendo, como demonstrado em dados na pesquisa, provoca a inefetividade no Prg I-EB. A Instituição EB permanece no tempo e os seus integrantes são passageiros temporários historicizados no contexto social em evolução constante, devendo mitigar a antinomia imprópria dentro do inconsciente cultural e do consciente coletivo militar causador de aversão sobre o tema denúncia dentro do EB e indutor de ineficiência do Prg I-EB.

CONSIDERAÇÕES FINAIS

O Sistema Militar é pouco explorado na literatura, talvez pela elevada complexidade social da relação entre civis e militares. O estudo traz uma visão inovadora para o meio militar, civil e acadêmico, pois o pesquisador-nativo do Sistema Militar se transporta para o Sistema Jurídico e observa seu Sistema-Nativo por onde ele, por si só, não tem capacidade de auto-observação.

Produziu achados secundários de pesquisa que abrem diversas frentes investigativas dentro da complexidade do Sistema Militar, voltado para a guerra, uma "disfuncionalidade humana". Por isso, foram retratados alguns dos códigos binários castrenses, não excluindo a possibilidade de dialetização de outros.

Esse estudo possibilitará uma abertura cognitiva para uma reprogramação do Prg I-EB na busca de sua efetividade, com uma visão técnica sobre os assuntos que permeiam o tema denúncia. Mitificações foram desconstruídas e o clareamento situacional foi apresentado, abrindo caminho para uma auto-observação com possibilidade de reprogramação sistêmica.

O mundo civil e acadêmico poderá entender melhor as nuances e vicissitudes do Sistema Militar, proporcionando uma sinergia na busca da evolução da sociedade comunicacional por meio da pesquisa. Frutos poderão ser colhidos por meio de uma maior interação acadêmica-militar.

As instituições de Estado poderão replicar o caminho mental desenvolvido ao longo da pesquisa e investigar a eficiência de vários processos por meio da interação do inconsciente cultural e da consciência coletiva de seus integrantes e usuários em contraposição com a normatividade pura e simples das regras escritas.

Por fim, o trabalho serve como comunicação ao integrante do Sistema Militar que ao lê-lo irá adquirir uma programação sistêmica por meio do código binário de autoquestionamento realístico-disciplinado-hierarquizado/comodismo situacional, que irá operar no seu coração e na sua mente para sempre, buscando sempre a evolução Institucional!

REFERÊNCIAS

ALBERTINI, Lauriani Porto. O Exército e os outros. *In*: CASTRO, Celso; LEIRNER, Piero. **Antropologia dos Militares**: reflexões sobre pesquisa de campo. Rio de Janeiro: FGV, 2009. E-Book. posição 1579.

AURÉLIO, Buarque de Olanda Ferreira. **Mini Aurélio**: o dicionário da língua portuguesa. 7. ed. Rio de Janeiro: Positivo, 2009.

BECHMANN, Gotthard.; STEHR, Nioc. Niklas Luhmann. **Tempo Social**, [*s. l.*], v. 13, n. 2, p. 185-200, 2001. Disponível em: https://www.revistas.usp.br/ts/article/view/12368. Acesso em: 16 mar. 2023.

BÍBLIA. **Bíblia Sagrada on line**. Disponível em: https://www.bibliaon.com/. Acesso em: 1 out. 2022.

BORGES, Leonardo Estrela. **Lei Anticorrupção define conduta e responsabilização das empresas no trato com o Poder Público**. Disponível em: https://www.amcham.com.br/noticias/juridico/lei-anticorrupcao-define-conduta-e-responsabilizacao-das-empresas-no-trato-com-o-poder-publico-3088.html. Acesso em: 14 nov. 2022.

BOURDON, Raymond; BORRICAUD, François. **Dicionário Crítico de Sociologia**. São Paulo: Ática, 1993.

BRASIL. **Constituição Federal**. Disponível em: http://www.planalto.gov.br/ccivil_03/constituicao/constituicao.htm. Acesso em: 15 jun. 2022.

BRASIL. Controladoria-Geral da União. **Fala.BR** - Plataforma Integrada de Ouvidoria e Acesso à Informação. Disponível em: https://falabr.cgu.gov.br/publico/Manifestacao/SelecionarTipoManifestacao.aspx?ReturnUrl=%2f. Acesso em: 15 jun. 2022.

BRASIL. Governo Federal. **Código de Conduta da Alta Administração Federal**. Disponível em: https://www.gov.br/planalto/pt-br/assuntos/etica-publica/legislacao-cep/codigo-de-conduta-da-alta-administracao-federal. Acesso em: 27 set. 2022.

BRASIL. Governo Federal. **Portal Nacional de Dados Abertos**. Disponível em: https://dados.gov.br/dataset/organizacao-militar. Acesso em: 26 out. 2022.

BRASIL. Ministério da Transparência e Controladoria-Geral da União. **Manual Prático para Avaliação de Programas de Integridade em Processo Admi-

nistrativo de Responsabilização de Pessoas Jurídicas – PAR. Disponível em: http://www.cgu.gov.br/Publicacoes/etica-e-integridade/arquivos/manual-pratico-integridade-par.pdf. Acesso em: 1 jul. 2022.

BRASIL. Ministério das Relações Exteriores. **Agenda 2030 para o Desenvolvimento Sustentável**. Disponível em: https://www.gov.br/mre/pt-br/assuntos/desenvolvimento-sustentavel-e-meio-ambiente/desenvolvimento-sustentavel/agenda-2030-para-o-desenvolvimento-sustentavel. Acesso em: 15 jun. 2022.

BRASIL. Ministério Público Federal. **Caso Lava Jato**. Disponível em: https://www.mpf.mp.br/grandes-casos/lava-jato. Acesso em: 18 fev. 2023.

BRASIL. Supremo Tribunal Federal. **Habeas Corpus n. 99.490** - São Paulo - Ministro-Relator Joaquim Barbosa. Disponível em: https://redir.stf.jus.br/paginadorpub/paginador.jsp?docTP=AC&docID=618126. Acesso em: 15 jun. 2022.

BRASIL. Tribunal de Contas da União. **Referencial de Combate a Fraude e Corrupção** - Aplicável a Órgãos e Entidades da Administração Pública. Disponível em: https://portal.tcu.gov.br/data/files/A0/E0/EA/C7/21A1F6107AD96FE6F18818A8/Referencial_combate_fraude_corrupcao_2_edicao.pdf. Acesso em: 15 jun. 2022.

BRASIL. Ministério da Defesa. Exército Brasileiro. **Programa Padrão de Adestramento** – PPA/Inf 5. Disponível em: http://www.doutrina.decex.eb.mil.br/images/caderno_ci_pp/PP/PPA_Inf_5_BIMth_13_07_09.pdf. Acesso em: 26 fev. 2023.

BRASIL. Ministério da Defesa. Exército Brasileiro. **Programa Padrão Básico** – PPB/2. Disponível em: http://www.doutrina.decex.eb.mil.br/images/caderno_ci_pp/PP/PPB_2_Prepara_o_do_Combatente_B_sico.pdf. Acesso em: 26 fev. 2023.

BRASIL. Ministério da Defesa. Exército Brasileiro. **Programa Padrão de Qualificação** – PPQ/1. Disponível em: http://www.doutrina.decex.eb.mil.br/images/caderno_ci_pp/PP/PPQ_01_Instru_o_Comum.pdf. Acesso em: 26 fev. 2023.

BRASIL. Ministério da Defesa. Exército Brasileiro. **Secretaria-Geral do Exército** - Boletins do Exército. Disponível em: http://www.sgex.eb.mil.br/sistemas/boletim_do_exercito/boletim_be.php. Acesso em: 15 jun. 2022.

BRASIL. Ministério da Defesa. Exército Brasileiro. **Vade-Mécum de Cerimonial Militar do Exército**. Valores, Deveres e Ética Militares (VM 10). Disponível em: http://www.sgex.eb.mil.br/index.php/cerimonial/vade-mecum/106-valores-deveres-e-etica-militares. Acesso em: 15 jun. 2022.

BRASIL. Ministério da Defesa. Exército Brasileiro. **A Profissão Militar**. Disponível em: http://www.eb.mil.br/amazonlog17/noticias/-/asset_publisher/BsJDxIc4X-CbS/content/a-profissao-militar-1. Acesso em: 26 out. 2022.

BRASIL. Ministério da Defesa. Exército Brasileiro. **Academia Militar das Agulhas Negras** – Casa de Valores – Berço de Tradições. Disponível em: http://www.aman.eb.mil.br/historico. Acesso em: 15 nov. 2022.

BRASIL. Ministério da Defesa. **Exército Brasileiro**. Disponível em: http://www.eb.mil.br/web/guest. Acesso em: 15 jun. 2022.

BRASIL. Ministério da Defesa. Exército Brasileiro. **Liderança Militar (C 20-10)**. Disponível em: https://bdex.eb.mil.br/jspui/bitstream/123456789/302/1/C-20-10.pdf. Acesso em: 11 ago. 2022.

BRASIL. Decreto-Lei n. 4.657, de 4 de setembro de 1942. **Lei de Introdução às Normas do Direito Brasileiro**. Disponível em: http://www.planalto.gov.br/ccivil_03/decreto-lei/del4657.htm. Acesso em: 11 jun. 2022.

BRASIL. **Lei n. 6.880, de 9 de dezembro de 1980**. Dispõe sobre o Estatuto dos Militares. Disponível em: http://www.planalto.gov.br/ccivil_03/leis/l6880.htm. Acesso em: 15 jun. 2022.

BRASIL. **Lei n. 7.931, de 2 de outubro de 1989**. Cria o Quadro Complementar de Oficiais do Exército (QCO), e dá outras providências. Disponível em: https://www.planalto.gov.br/ccivil_03/leis/1989_1994/l7831.htm. Acesso em: 18 jun. 2022.

BRASIL. **Lei n. 8.112, de 11 de dezembro de 1990**. Dispõe sobre o regime jurídico dos servidores públicos civis da União, das autarquias e das fundações públicas federais. Disponível em: http://www.planalto.gov.br/ccivil_03/leis/l8112cons.htm. Acesso em: 18 jun. 2022.

BRASIL. **Lei n. 8.429, de 2 de junho de 1992**. Dispõe sobre as sanções aplicáveis em virtude da prática de atos de improbidade administrativa, de que trata o § 4º do art. 37 da Constituição Federal; e dá outras providências. Disponível em: http://www.planalto.gov.br/ccivil_03/leis/l8429.htm. Acesso em: 11 out. 2022.

BRASIL. **Lei n. 8.745, de 9 de dezembro de 1993**. Dispõe sobre a contratação por tempo determinado para atender a necessidade temporária de excepcional interesse público, nos termos do inciso IX do art. 37 da Constituição Federal, e dá outras providências. Disponível em: http://www.planalto.gov.br/ccivil_03/leis/l8745cons.htm. Acesso em: 18 jun. 2022.

BRASIL. **Decreto n. 3.678, de 30 de novembro de 2000**. Promulga a Convenção sobre o Combate da Corrupção de Funcionários Públicos Estrangeiros em Transações Comerciais Internacionais, concluída em Paris, em 17 de dezembro de 1997. Disponível em: http://www.planalto.gov.br/ccivil_03/decreto/d3678.htm. Acesso em: 15 jun. 2022.

BRASIL. **Decreto n. 4.346, de 26 de agosto de 2002**. Aprova o Regulamento Disciplinar do Exército (RDE) e dá outras providências. Disponível em: http://www.planalto.gov.br/ccivil_03/decreto/2002/d4346.htm. Acesso em: 15 jun. 2022.

BRASIL. **Decreto n. 4.410, de 7 de outubro de 2002**. Promulga a Convenção Interamericana contra a Corrupção, de 29 de março de 1996, com reserva para o art. XI, parágrafo 1º, inciso "c". Disponível em: http://www.planalto.gov.br/ccivil_03/decreto/2002/d4410.htm. Acesso em: 15 jun. 2022.

BRASIL. **Decreto n. 5.687, de 31 de janeiro de 2006**. Promulga a Convenção das Nações Unidas contra a Corrupção, adotada pela Assembléia-Geral das Nações Unidas em 31 de outubro de 2003 e assinada pelo Brasil em 9 de dezembro de 2003. Disponível em: https://www.planalto.gov.br/ccivil_03/_ato2004-2006/2006/decreto/d5687.htm. Acesso em: 15 jun. 2022.

BRASIL. Governo Federal. **Exposição de Motivos Interministerial** - EMI/2010/11 - CGU MJ AGU. Disponível em: http://www.planalto.gov.br/ccivil_03/Projetos/EXPMOTIV/EMI/2010/11%20-%20CGU%20MJ%20AGU.htm. Acesso em: 15 jun. 2022.

BRASIL. **Lei n. 12.527, de 18 de novembro de 2011**. Regula o acesso a informações previsto no inciso XXXIII do art. 5º, no inciso II do § 3º do art. 37 e no § 2º do art. 216 da Constituição Federal; altera a Lei nº 8.112, de 11 de dezembro de 1990; revoga a Lei nº 11.111, de 5 de maio de 2005, e dispositivos da Lei nº 8.159, de 8 de janeiro de 1991; e dá outras providências. Disponível em: http://www.planalto.gov.br/ccivil_03/_ato2011-2014/2011/lei/l12527.htm. Acesso em: 15 jun. 2022.

BRASIL. Ministério da Defesa. Exército Brasileiro. **Portaria C Ex n. 107, de 13 de fevereiro de 2012**. Aprova as Instruções Gerais para a Elaboração de Sindicância no Âmbito do Exército Brasileiro (EB10-IG-09.001) e dá outras providências. Disponível em: http://www.sgex.eb.mil.br/sg8/002_instrucoes_gerais_reguladoras/01_gerais/port_n_107_cmdo_eb_13fev2012.html. Acesso em: 26 ago. 2022.

BRASIL. Ministério da Defesa. Exército Brasileiro. **Portaria C Ex n. 13, de 14 de janeiro de 2013**. Regula, no âmbito do Exército Brasileiro, a execução de medidas sumárias para verificação de fatos apontados por meio de denúncias anônimas. p. 263-265. Disponível em: https://rafaelauditoria.files.wordpress.com/2018/08/binfo-04-18-notainformativaespecial2018.pdf. Acesso em: 26 ago. 2022.

BRASIL. Ministério da Defesa. **Exército Brasileiro. Portaria C Ex n. 18, de 17 de janeiro de 2013**. Aprova o Manual de Auditoria (EB10-MT-13.001)1ª Edição, 2013 e dá outras providências. Disponível em: http://www.5icfex.eb.mil.br/saf/2013-01-17-Manual_de_Auditoria-Portaria_nr_018.pdf. Acesso em: 26 ago. 2022.

BRASIL. **Lei n. 12.789, de 11 de janeiro de 2013**. Altera dispositivos da Lei nº 7.831, de 2 de outubro de 1989, que cria o Quadro Complementar de Oficiais do Exército - QCO. Disponível em: https://www.planalto.gov.br/ccivil_03/_Ato2011-2014/2013/Lei/L12786.htm#art1. Acesso em: 15 jun. 2022.

BRASIL. **Lei n. 12.846, de 1º de agosto de 2013**. Dispõe sobre a responsabilização administrativa e civil de pessoas jurídicas pela prática de atos contra a administração pública, nacional ou estrangeira, e dá outras providências. Disponível em: http://www.planalto.gov.br/ccivil_03/_ato2011-2014/2013/lei/l12846.htm. Acesso em: 15 jun. 2022.

BRASIL. Ministério da Defesa. Exército Brasileiro. **Portaria C Ex n. 1.067, de 8 de setembro de 2014**. Aprova as Instruções Gerais para a Salvaguarda de Assuntos Sigilosos (EB10-IG-01.011), 1ª Edição,2014, e dá outras providências. Disponível em: http://www.sgex.eb.mil.br/index.php/download/send/3-instrucoes-gerais/7-eb10-ig-01-011-igsas-pdf. Acesso em: 26 ago. 2022.

BRASIL. **Lei n. 13.303, de 30 de junho de 2016**. Dispõe sobre o estatuto jurídico da empresa pública, da sociedade de economia mista e de suas subsidiárias, no âmbito da União, dos Estados, do Distrito Federal e dos Municípios. Disponível em: https://www.planalto.gov.br/ccivil_03/_ato2015-2018/2016/lei/l13303.htm. Acesso em: 18 fev. 2023.

BRASIL. Ministério da Defesa. Exército Brasileiro. **Portaria C Ex n. 650, de 10 de junho de 2016**. Aprova a Diretriz para a entronização de D. Rosa da Fonseca como Patrona da Família Militar e implantação do Dia da Família Militar (EB10-D-05.001) e dá outras providências. Disponível em: http://www.sgex.eb.mil.br/sg8/006_outras_publicacoes/01_diretrizes/01_comando_do_exercito/port_n_650_cmdo_eb_10jun2016.html. Acesso em: 26 ago. 2022.

BRASIL. Academia Militar das Agulhas Negras. **Normas para aplicação de Sanções Escolares (NASE)**. Resende-RJ, 2017.

BRASIL. Governo Federal. **Exposição de Motivos** – Projeto de Lei nº 7.448/2017. Disponível em: https://www.camara.leg.br/proposicoesWeb/prop_mostrarintegra?codteor=1598338&filename=PRL+1+CCJC+%3D%3E+PL+7448/2017. Acesso em: 10 jun. 2022.

BRASIL. Ministério da Defesa. Exército Brasileiro. **Portaria C Ex n. 1.042, de 18 de agosto de 2017**. Aprova o Plano Estratégico do Exército 2016-2019/3ª Edição, integrante do Sistema de Planejamento Estratégico do Exército (SIPLEx). Disponível em: http://www.ceadex.eb.mil.br/images/legislacao/XI/plano_estrategico_do_exercito_2020-2023.pdf. Acesso em: 26 ago. 2022.

BRASIL. **Lei n. 13.460, de 16 de junho de 2017**. Dispõe sobre participação, proteção e defesa dos direitos do usuário dos serviços públicos da administração pública. Disponível em: http://www.planalto.gov.br/ccivil_03/_ato2015-2018/2017/lei/l13460.htm. Acesso em: 15 jun. 2022.

BRASIL. Ministério da Defesa. Exército Brasileiro. **Portaria C Ex n. 1.324, de 4 de outubro de 2017**. Aprova as Normas para a Apuração de Irregularidades Administrativas (EB10-N-13.007). Disponível em: http://www.5icfex.eb.mil.br/images/satt/2017-10-13-SepBE-41-2017_Port-1324-Cmt_Ex.pdf. Acesso em: 26 ago. 2022.

BRASIL. **Decreto nº 9.203, de 22 de novembro de 2017**. Dispõe sobre a política de governança da administração pública federal direta, autárquica e fundacional. Disponível em: http://www.planalto.gov.br/ccivil_03/_ato2015-2018/2017/decreto/D9203.htm. Acesso em: 22 ago. 2022.

BRASIL. **Lei n. 13.608, de 10 de janeiro de 2018**. Dispõe sobre o serviço telefônico de recebimento de denúncias e sobre recompensa por informações que auxiliem nas investigações policiais. Disponível em: http://www.planalto.gov.br/ccivil_03/_ato2015-2018/2018/lei/L13608.htm. Acesso em: 19 set. 2022.

BRASIL. **Lei n. 13.655, de 25 de abril de 2018**. Inclui no Decreto-Lei nº 4.657, de 4 de setembro de 1942 (Lei de Introdução às Normas do Direito Brasileiro), disposições sobre segurança jurídica e eficiência na criação e na aplicação do direito público. Disponível em: http://www.planalto.gov.br/ccivil_03/_ato2015-2018/2018/lei/l13655.htm. Acesso em: 15 jun. 2022.

BRASIL. **Lei n. 13.709, de 14 de agosto de 2018.** Lei Geral de Proteção de Dados Pessoais (LGPD). Disponível em: https://www.planalto.gov.br/ccivil_03/_ato2015-2018/2018/lei/l13709.htm. Acesso em: 18 fev. 2023.

BRASIL. Ministério da Defesa. Exército Brasileiro. **Programa de Integridade do Exército Brasileiro**. 2018. Disponível em: https://www.gov.br/cgu/pt-br/assuntos/etica-e-integridade/programa-de-integridade/planos-de-integridade/arquivos/cex-comando-do-exercito.pdf. Acesso em: 15 jun. 2022.

BRASIL. Ministério da Transparência e Controladoria-Geral da União. **Instrução Normativa n. 18, de 3 de dezembro de 2018**. Estabelece a adoção do Sistema Informatizado de Ouvidorias do Poder Executivo federal-e-Ouv, como plataforma única de recebimento de manifestações de ouvidoria, nos termos do art. 16 do Decreto nº 9.492, de 2018. Disponível em: https://www.legiscompliance.com.br/legislacao/norma/3. Acesso em: 19 set. 2022.

BRASIL. Ministério da Transparência e Controladoria-Geral da União. **Instrução Normativa n. 19, de 3 de dezembro de 2018**. Estabelece regra para recebimento exclusivo de manifestações de ouvidoria por meio das unidades do Sistema de Ouvidoria do Poder Executivo federal. Disponível em: http://www.mestradoprofissional.gov.br/ouvidoria/index.php?option=com_content&view=article&id=1009. Acesso em: 19 set. 2022.

BRASIL. **Decreto n. 9.492, de 5 de setembro de 2018**. Regulamenta a Lei nº 13.460, de 26 de junho de 2017, que dispõe sobre participação, proteção e defesa dos direitos do usuário dos serviços públicos da administração pública federal, institui o Sistema de Ouvidoria do Poder Executivo federal, e altera o Decreto nº 8.910, de 22 de novembro de 2016, que aprova a Estrutura Regimental e o Quadro Demonstrativo dos Cargos em Comissão e das Funções de Confiança do Ministério da Transparência, Fiscalização e Controladoria-Geral da União. Disponível em: http://www.planalto.gov.br/ccivil_03/_ato2015-2018/2018/decreto/D9492.htm. Acesso em: 19 set. 2022.

BRASIL. Ministério da Transparência e Controladoria-Geral da União. **Portaria n. 1.089, de 25 de abril de 2018**. Estabelece orientações para que os órgãos e as entidades da administração pública federal direta, autárquica e fundacional adotem procedimentos para a estruturação, a execução e o monitoramento de seus programas de integridade e dá outras providências. Disponível em: https://www.embrapa.br/documents/10180/38288673/IN+CGU+18+03-12-2018.pdf/ce667369-c47b-4aaa-957c-21853582a611. Acesso em: 22 ago. 2022.

BRASIL. **Lei n. 13.964, de 24 de dezembro de 2019**. Aperfeiçoa a legislação penal e processual penal. Disponível em: https://www.planalto.gov.br/ccivil_03/_ato2019-2022/2019/lei/l13964.htm. Acesso em: 18 fev. 2023.

BRASIL. **Decreto n. 9.830, de 10 de junho de 2019**. Regulamenta o disposto nos art. 20 ao art. 30 do Decreto-Lei nº 4.657, de 4 de setembro de 1942, que institui a Lei de Introdução às normas do Direito brasileiro. Disponível em: http://www.planalto.gov.br/ccivil_03/_ato2019-2022/2019/decreto/D9830.htm. Acesso em: 15 jun. 2022.

BRASIL. **Decreto n. 10.153, de 3 de dezembro de 2019**. Dispõe sobre as salvaguardas de proteção à identidade dos denunciantes de ilícitos e de irregularidades praticados contra a administração pública federal direta e indireta e altera o Decreto n. 9.492, de 5 de setembro de 2018. Disponível em: http://www.planalto.gov.br/ccivil_03/_ato2019-2022/2019/decreto/D10153.htm. Acesso em: 15 jun. 2022.

BRASIL. **Decreto n. 10.437, de 22 de julho de 2020**. Altera o Decreto nº 10.139, de 28 de novembro de 2019, que dispõe sobre a revisão e a consolidação dos atos normativos inferiores a decreto, e o Decreto nº 9.215, de 29 de novembro de 2017, que dispõe sobre a publicação do Diário Oficial da União. Disponível em: http://www.planalto.gov.br/ccivil_03/_ato2019-2022/2020/decreto/D10437.htm. Acesso em: 21 set. 2022.

BRASIL. **Lei Federal n. 14.133, de 1º de abril de 2021**. Lei de licitações e contratos administrativos. Disponível em: http://www.planalto.gov.br/ccivil_03/_ato2019-2022/2021/lei/L14133.htm. Acesso em: 26 ago. 2022.

BRASIL. Ministério da Transparência e Controladoria-Geral da União. **Portaria n. 581, de 9 de março de 2021**. Estabelece orientações para o exercício das competências das unidades do Sistema de Ouvidoria do Poder Executivo federal, instituído pelo Decreto nº 9.492, de 5 de setembro de 2018, dispõe sobre o recebimento do relato de irregularidades de que trata o caput do art. 4º-A da Lei nº 13.608, de 10 de janeiro de 2018, no âmbito do Poder Executivo federal, e dá outras providências. Disponível em: https://repositorio.cgu.gov.br/handle/1/65126. Acesso em: 19 set. 2022.

BRASIL. Ministério da Defesa. **Exército Brasileiro. Portaria C Ex n. 1.523, de 14 de maio de 2021**. Aprova as Instruções Gerais para a Atividade de Auditoria Interna Governamental, institui o Estatuto de Auditoria e regulamenta o Sistema de Controle Interno do Comando do Exército (EB10-IG-13.001), 1ª edição, 2021. Disponível em: https://12cgcfex.eb.mil.br/images/2secao/2021/port-c_ex_1523_ig_atv_aud_gov.pdf. Acesso em: 26 ago. 2022.

BRASIL. Ministério da Defesa. Exército Brasileiro. **Portaria C Ex n. 1.714, de 5 de abril de 2022**. Aprova o Regulamento dos Colégios Militares (EB10-R-05.173), 2ª edição, 2022. Disponível em: http://www.sgex.eb.mil.br/sg8/001_estatuto_regulamentos_regimentos/02_regulamentos/port_n_1714_cmdo_eb_05abr2022.html. Acesso em: 26 ago. 2022.

BRASIL. **Decreto n. 11.129, de 11 de julho de 2022**. Regulamenta a Lei nº 12.846, de 1º de agosto de 2013, que dispõe sobre a responsabilização administrativa de pessoas jurídicas pela prática de atos contra a administração pública, nacional ou estrangeira. Disponível em: http://www.planalto.gov.br/ccivil_03/_Ato2019-2022/2022/Decreto/D11129.htm#art70. Acesso em: 22 ago. 2022.

CAMÕES, Luís de. **Os Lusíadas**. 2. ed. São Paulo: Amazon, 2021. *E-Book*. Canto X, 153. p. 300.

CARVALHO, André Castro. *et al.* **Manual de Compliance**. 2. ed. Rio de Janeiro: Forense, 2020.

CASTRO, Celso. **General Villas Bôas**: conversa com o comandante. Rio de Janeiro: FGV, 2021.

CASTRO, Celso. **O espírito Militar**: um antropólogo na caserna. 3. ed. rev. e amp. Rio de Janeiro: Zahar, 2021. *E-Book*.

CASTRO, Celso; LEIRNER, Piero. **Antropologia dos Militares**: reflexões sobre pesquisa de campo. Rio de Janeiro: FGV, 2009. *E-Book*.

CHAVES, André Santos. **Instituto da repercussão geral como ganho aquisitivo da modernidade em relação ao fechamento operativo e abertura cognitiva do Sistema jurídico em relação aos Sistemas de política e da saúde**. Disponível em: http://www.repositorio.jesuita.org.br/handle/UNISINOS/5518. Acesso em: 15 jun. 2022.

DESMURGET, Michel. **A fábrica de cretinos digitais**. O perigo das telas para as nossas crianças. São Paulo: Vestígio, 2021.

FERREIRA, Oliveiros Silva. **Vida e morte do partido fardado**. São Paulo: Senac, 2019. *E-Book*.

FILHO, Iedo Matuella; MIRANDA, Cláudio de Souza. Percepção do Mercado de Governança, Risco e Compliance dos Pontos do Triângulo da Fraude de Cressey a Partir da Pandemia. *In:* XLVI ENCONTRO DA ANPAD - ENANPAD 2022 On-line. **Anais** [...]. ANPAD Versão online, 2022. Disponível em: http://anpad.com.br/uploads/articles/120/approved/bd430257087f92e5322919c84dc99f32.pdf. Acesso em: 28 set. 2022.

FREYRE, Gilberto. **Nação e Exército**. Rio de Janeiro: Biblioteca do Exército, 2019.

FURTADO, Emmanuel Teófilo; CAMPOS, Juliana Cristine Diniz. As Antinomias e a Constituição. **Publica Direito**. Disponível em: http://www.publicadireito.com.br/conpedi/manaus/arquivos/anais/salvador/emmanuel_teofilo_furtado.pdf. Acesso em: 15 jun. 2022.

GIRARDET, Raoul. **Mitos e mitologias políticas**. São Paulo: Companhia das Letras, 1987.

GONÇALVES, Guilherme Leite; FILHO, Orlando Villas Boas. **Teoria dos Sistemas Sociais: direito e sociedade na obra de Niklas Luhmann**. São Paulo: Saraiva, 2013.

HOBSBAWM, Eric. **A Era das Revoluções**: 1789-1848. Rio de Janeiro: Paz e Terra, 2014.

HUNTINGTON; Samuel. P. **O Soldado e o Estado**: Teoria e política das relações entre civis e militares. Rio de Janeiro: Biblioteca do Exército, 2016.

IRMÃOS por Escolha. **Nenhum de nós é tão forte quanto todos nós juntos** – AMAN. Disponível em: https://www.irmaosporescolha.com/. Acesso em: 26 out. 2022.

JANOWITZ, Morris. **O soldado profissional**: um estudo social e político. Rio de Janeiro: GRD, 1997. p. 101.

JUSTEN FILHO, Marçal. Art. 20 da LINDB: dever de transparência, concretude e proporcionalidade. **Revista de Direito Administrativo**, Rio de Janeiro, Edição Especial: Direito Público na Lei de Introdução às Normas de Direito Brasileiro – LINDB (Lei nº 13.655/2018), p. 13-41, 2018. Disponível em: https://bibliotecadigital.fgv.br/ojs/index.php/rda/article/view/77648. Acesso em: 15 jun. 2022.

KORYBKO, Andrew. **Guerras híbridas**: das revoluções coloridas aos golpes. São Paulo: Expressão Popular, 2015.

LENZA, Pedro. **Direito Constitucional Esquematizado**. 23a. São Paulo: Saraiva, 2019.

LEIRNER, Piero. C. **O Brasil no espectro de uma Guerra Híbrida**: Militares, operações psicológicas e política em uma perspectiva etnográfica. São Paulo: Alameda, 2020. *E-Book*.

LIMA, Fernando Rister Sousa. Constituição Federal: Acoplamento Estrutural entre os Sistemas Político e Jurídico. **Revista Direito Público**, v. 7, n. 32, p. 13-41,

2010. Disponível em: https://bibliotecadigital.fgv.br/ojs/index.php/rda/article/view/77648. Acesso em: 15 jun. 2022.

LIMA, Renato Nonato de Oliveira. Faces da estratégia da dissuasão. **A Defesa Nacional**. Disponível em: http://www.ebrevistas.eb.mil.br/ADN/article/view/6256/5433. Acesso em: 20 fev. 2023.

LUHMANN, Niklas. **Social systems Stanford**. Stanford University Press - Redwood City, 1995.

MACHADO, Mônica Sapucaia; ANDRADE, Denise de Almeida. Políticas públicas e ações afirmativas: um caminho (ainda) possível na busca pela igualdade e justiça de gênero no Brasil? **Espaço Jurídico Journal of Law**, v. 22, n. 2, 2021. Disponível em: https://periodicos.unoesc.edu.br/espacojuridico/article/view/27309. Acesso em: 14 nov. 2022.

MALEM SEÑA, Jorge F. **Pobreza, corrupción, (in)seguridad jurídica**. Madrid: Marcial Pons, 2017. p. 43.

MATURANA, Humberto Romesín; VARELA, Francisco Javier. **AutopoiesisandCognition**: The Realizationofthe Living. Londres: Ed Springer Science & Business Media, 1991.

MEDAUAR, Odete. **O direito administrativo em evolução**. 3. ed. Brasília: Gazeta Jurídica, 2017.

NATIONS, United. **About Us**. Disponível em: https://www.un.org/en/about-us. Acesso em: 15 jun. 2022.

NETO, Floriano de Azevedo Marques. A bipolaridade no direito administrativo e sua superação. *In*: SUNDFELD, Carlos Ari; JURKSAITIS, Guilherme Jardim (org.). **Contratos Públicos e Direito Administrativo**. São Paulo: Gazeta Malheiros, 2015. p. 353-426.

NEVES, Marcelo. **A constitucionalização simbólica**. São Paulo: Biblioteca Jurídica WMF, 2011.

OLIVEIRA, Gustavo Justino; VENTURINI, Otávio. Programas de integridade na nova Lei de Licitações: parâmetros e desafios. **Consultor Jurídico**. Disponível em: https://www.conjur.com.br/2021-jun-06/publico-pragmatico-programas-integridade-lei-licitacoes. Acesso em: 20 set. 2022.

OLIVEIRA, Júlio Marcelo de. Projeto de lei ameaça o controle da administração pública. **Consultor Jurídico**. Disponível em: https://www.conjur.com.br/2018-abr-10/projeto-lei-ameaca-controle-administracao-publica. Acesso em: 22 mar. 2023.

ORGANISATION for Economic Co-operation and Development. **OECD Foreign Bribery Report**: An Analysis of the Crime of Bribery of Foreign Public Officials. Disponível em: https://www.oecd.org/corruption/oecd-foreign-bribery-report-9789264226616-en.htm. Acesso em: 1 out. 2022.

PORFÍRIO, Francisco. Diferença entre ética e moral. **Brasil Escola**. Disponível em: https://brasilescola.uol.com.br/filosofia/diferenca-entre-etica-moral.htm. Acesso em: 20 jul. 2022.

PS Soluções. **O Décimo Pilar**: Diversidade e Inclusão. Disponível em: https://www.pssolucoes.com.br/o-decimo-pilar-diversidade-e-inclusao/. Acesso em: 8 mar. 2023.

RIBEIRO, Ricardo Queirós Batista. **Guerra de Informação & Psicologia Complexa**: noções de manipulação e alienação a partir da psicologia das massas. 2021. 221f. Tese (Doutorado em Psicologia) – Instituto de Educação, Programa de Pós-graduação em Psicologia (PPGPSI), Universidade Federal Rural do Rio de Janeiro, Seropédica, Rio de Janeiro, 2021.

ROCHA, Leonel Severo; COSTA, Bernardo Leandro Carvalho. **Constitucionalismo Social**: Constituição na Globalização. Curitiba: Appris, 2018.

ROMA, Júlio César. Os objetivos de desenvolvimento do milênio e sua transição para os objetivos de desenvolvimento sustentável. **Ciência e Cultura**, v. 71, n. 1, p. 33-39, 2019.

SCHRAMM, Fernanda Santos. **Compliance nas Contratações Públicas**. Belo Horizonte: Forum, 2019.

SERPA, Alexandre da Cunha. **Compliance descomplicado**: um guia simples e direto sobre Programas de Compliance. [*S. l.*]: Createspace Independent Pub, 2016.

SILVA, Artur Stamford da. **10 Lições sobre Luhmann**. Petrópolis: Vozes, 2021.

TEUBNER, Gunther. **O direito como Sistema autopoiético**. Lisboa: Fundação Calouste Gulbenkian, 1989.

TRANSPARENCY INTERNATIONAL. **International principles for whistleblower legislation best practices for laws to protect whistleblowers and**

support whistleblowing in the public interest. Disponível em: https://images.transparencycdn.org/images/2013_WhistleblowerPrinciples_EN.pdf. Acesso em: 10 out. 2022.

TREVISAN, Leonardo N. **Obsessões Patrióticas**: origens e projetos de duas escolas de pensamento político do Exército Brasileiro. Rio de Janeiro: Biblioteca do Exército, 2011.

VALDÉS, Ernesto Garzón. Acerca del concepto de corrupción. *In*: MIGUEL, Francisco Javier Laporta San; MEDINA, Silvina Álvarez (coord.). **La corrupción política**. Madrid: Alianza Editorial, 1997, p. 42.

VIANA, Ulisses Schwarz. O confronto da jurisdição constitucional com seus limites autopoiéticos: o problema do ativismo judicial alopoiético na teoria dos Sistemas. **Direito Público**: **Revista Jurídica da Advocacia-Geral do Estado de Minas Gerias**, Minas Gerais, v. 15, n. 1, jan./dez. 2018. Disponível em: https://www.academia.edu/40374907/O_CONFRONTO_DA_JURISDI%C3%87%C3%83O_CONSTITUCIONAL_COM_SEUS_LIMITES_AUTOPOI%C3%89TICOS_O_PROBLEMA_DO_ATIVISMO_JUDICIAL_ALOPOI%C3%89TICO_NA_TEORIA_DOS_SISTEMA. Acesso em: 15 jun. 2022.

WEDY, Gabriel de Jesus Tedesco. Desenvolvimento (sustentável) e a ideia de justiça segundo Amartya Sem. **Revista de Direito Econômico e Socioambiental**, v. 8, n. 3, p. 343-376, 2017.